"十四五"高等教育系列教材

数学建模与实验

张智广◎主　编

高秀莲　王金婵　李秋萍◎副主编

中国铁道出版社有限公司
CHINA RAILWAY PUBLISHING HOUSE CO., LTD.

内 容 简 介

本书以应用型本科高校人才培养为目标,集应用数学知识、数学建模与数学实验为一体,注重数学建模思想方法,重视数学软件在实际中的应用。全书共 8 章,包括数学建模简介、MATLAB 基础、插值与拟合、微分方程、数学规划、网络优化、数据的描述性统计、统计分析等。每章内容以数学建模方法、计算机编程求解与实际应用案例为主线,选择部分全国大学生数学建模竞赛题目作为建模案例,问题比较贴近实际场景,注重培养学生应用数学和计算机解决实际问题的能力。

本书适合作为高等学校数学与应用数学、应用统计、数据科学与大数据技术等专业本科生的数学建模教材,也可供参加数学建模竞赛者学习参考。

图书在版编目(CIP)数据

数学建模与实验/张智广主编.—北京:中国铁道出版社有限公司,2024.7
"十四五"高等教育系列教材
ISBN 978-7-113-31052-3

Ⅰ.①数… Ⅱ.①张… Ⅲ.①数学模型-高等学校-教材 Ⅳ.①O141.4

中国国家版本馆 CIP 数据核字(2024)第 048606 号

书　　名:	数学建模与实验
作　　者:	张智广
策　　划:	李志国　　　　　　　　　编辑部电话:(010)63551926
责任编辑:	曾露平　许　璐
封面设计:	高博越
责任校对:	苗　丹
责任印制:	樊启鹏
出版发行:	中国铁道出版社有限公司(100054,北京市西城区右安门西街 8 号)
网　　址:	https://www.tdpress.com/51eds
印　　刷:	河北宝昌佳彩印刷有限公司
版　　次:	2024 年 7 月第 1 版　2024 年 7 月第 1 次印刷
开　　本:	787 mm×1 092 mm　1/16　印张:12.75　字数:288 千
书　　号:	ISBN 978-7-113-31052-3
定　　价:	38.00 元

版权所有　侵权必究

凡购买铁道版图书,如有印制质量问题,请与本社教材图书营销部联系调换。电话:(010)63550836
打击盗版举报电话:(010)63549461

前言

数学建模是数学走向应用的必经之路。李大潜院士提出,要用数学方法解决一个实际问题,不论这个问题是来自工程、经济、金融或是社会领域,都必须设法在实际问题与数学之间架设一个桥梁,首先要将这个实际问题化为一个相应的数学问题,然后对这个数学问题进行分析和计算,最后将所求得的解答回归实际,看能不能有效地回答原先的实际问题。这一过程,特别是其中的第一步,就称为数学建模,即为所考察的实际问题建立数学模型。

现今,数学的应用范围空前扩展,从传统的力学、物理等领域拓展到化学、生物、经济、金融、信息、材料、环境、能源等各个学科及种种高科技甚至社会领域。计算机技术的普及和运算能力的日益强大,以及数学自身的发展,使数学建模的"用武之地"不断扩大。因此,数学建模不仅进一步凸显了它的重要性,而且已成为现代应用数学的一个重要组成部分。

全国大学生数学建模竞赛创办于1992年,每年一届,是首批列入"高校学科竞赛排行榜"的19项竞赛之一,也是参赛学生规模最大的学科类竞赛之一。数学建模竞赛旨在激励学生学习数学的积极性,提高学生建立数学模型和运用计算机技术解决实际问题的综合能力。数学建模课程为开展数学建模竞赛提供了基础和保障,数学建模竞赛也促进了课程教学的改革,数学建模已经成为培养创新性应用型人才的重要途径。

本书集应用数学知识、数学建模与数学实验为一体,注重数学建模思想方法,重视数学软件在实际中的应用,突出对学生实践性应用能力的培养。本书主要内容包括数学建模简介、MATLAB基础、插值与拟合、微分方程、数学规划、网络优化、数据的描述性统计、统计分析等。每章内容以数学建模方法、数学软件求解与实际应用案例为主线,选择部分全国大学生数学建模竞赛题目作为建模案例,问题比较贴近实际场景,注重培养学生应用数学和计算机解决实际问题的能力。本书有许多实际案例和数学建模竞赛题目,适于案例式教学和项目式教学。各章案例相关的素材文件,包括数据及程序可在中国铁道出版社教育资源数字化平台 https://www.tdpress.com/51eds 中下载,也可到全国大学生数学建模竞赛官网下载。

本书以问题驱动教学,以解决实际问题为导向,注重培养学生的数学素养和创新意识,注重培养学生应用数学和计算机解决实际问题的能力。本书将数学建模方法与计算机求解相结合,对每个例题都给出了计算机程序代码。第2、3、4章主要运用MATLAB软件进行计算、绘图、插值拟合与微分方程的求解;第5、6章运用LINGO或MATLAB求解数学规划模型和网络优化问题;第7、8章运用 Python 软件进行数据处理与数据分析。在计算机编程教学时,一定要重视对学生动手能力的培养,让学生把相关代码重新输入一遍,只有输入一定量的程序代码,学生才能熟练地使用 MATLAB、LINGO、Python 等软件。

  本书作者均是德州学院数学建模竞赛骨干教师。德州学院从 2007 年开始参与全国大学生数学建模竞赛,获得全国一等奖 8 项、全国二等奖 20 余项。作为应用型本科高校,数学建模在德州学院培养应用型人才过程中发挥了重要作用。

  本书由张智广、高秀莲设计整体框架和编写思路,由张智广担任主编,由高秀莲、王金婵、李秋萍担任副主编,张晓雪、许晶、蒋勇参与编写。青软创新科技集团股份有限公司是德州学院的合作单位,对本书的编写提供了支持和帮助,该公司的蒋勇老师为本书的第7、8章统计部分提供了部分实际案例,在此表示感谢。

  本书适合作为高等院校本科数学建模课程的教材或数学建模竞赛学习指导书。限于编者水平,书中难免有疏漏之处,读者在学习过程中如遇到问题,请反馈到邮箱 421018045@qq.com。

编   者
2024 年 1 月

目录

第1章　数学建模简介 ··· 1
  1.1　数学建模的概念 ·· 1
  1.2　数学建模实例 ··· 2
  1.3　全国大学生数学建模竞赛 ·· 3
  1.4　数学建模与实验课程 ·· 4

第2章　**MATLAB 基础** ··· 6
  2.1　MATLAB 概述 ··· 6
    2.1.1　命令行窗口 ·· 6
    2.1.2　工作区 ·· 8
    2.1.3　命令历史窗口 ·· 8
    2.1.4　MATLAB 的帮助系统 ·· 8
  2.2　矩阵与数组 ··· 9
    2.2.1　一维数组 ··· 9
    2.2.2　矩阵的创建 ·· 10
    2.2.3　矩阵元素的提取与修改 ·· 12
    2.2.4　矩阵的运算 ·· 12
    2.2.5　解线性方程组 ·· 14
  2.3　数值计算 ·· 15
    2.3.1　变量命名 ··· 15
    2.3.2　数学运算符号及标点符号 ·· 15
    2.3.3　关系和逻辑运算 ·· 16
    2.3.4　数值的显示格式命令 ·· 16
    2.3.5　数学函数 ··· 17
  2.4　符号运算 ·· 19
    2.4.1　符号变量和符号表达式 ·· 19
    2.4.2　微积分运算 ·· 20
    2.4.3　级数求和与泰勒级数展开 ·· 23
    2.4.4　方程求解 ··· 23

2.5 MATLAB 绘图 ·········· 25
 2.5.1 二维图形 ·········· 25
 2.5.2 三维图形 ·········· 29
2.6 程序设计基础 ·········· 31
 2.6.1 脚本文件与函数文件 ·········· 31
 2.6.2 流程控制语句 ·········· 32
 2.6.3 程序设计的优化 ·········· 36
2.7 建模案例:生产企业原材料供应商的选择 ·········· 36
 2.7.1 数据类型的转化 ·········· 37
 2.7.2 供应商的特征指标 ·········· 37
 2.7.3 供应商的三个综合指标 ·········· 38
 2.7.4 确定最重要的供应商 ·········· 39
 2.7.5 问题1的程序代码 ·········· 40
拓展资源 ·········· 42
习题 ·········· 42

第3章 插值与拟合 ·········· 44

3.1 插值法 ·········· 44
 3.1.1 一维插值 ·········· 44
 3.1.2 二维插值 ·········· 47
3.2 数据拟合 ·········· 50
 3.2.1 多项式拟合 ·········· 51
 3.2.2 线性最小二乘拟合 ·········· 51
 3.2.3 非线性最小二乘拟合 ·········· 53
3.3 建模案例:土壤重金属污染的空间分布 ·········· 58
 3.3.1 采样点的分布 ·········· 59
 3.3.2 绘制地形图 ·········· 60
 3.3.3 污染浓度空间分布图 ·········· 61
习题 ·········· 62

第4章 微分方程 ·········· 64

4.1 微分方程的解 ·········· 64
 4.1.1 微分方程的理论 ·········· 64
 4.1.2 微分方程的解析解 ·········· 66
 4.1.3 微分方程的数值解 ·········· 67
 4.1.4 常微分方程的数值解的实现 ·········· 69

4.2 微分方程建模方法 ·· 71
4.2.1 导弹追踪问题 ·· 72
4.2.2 地中海鲨鱼问题 ··· 74
4.3 传染病模型 ·· 75
4.3.1 传染病模型的建立 ··· 76
4.3.2 传染病模型的求解 ··· 77
4.4 建模案例：人口增长的预测问题 ·· 79
4.4.1 人口增长模型 ·· 80
4.4.2 人口增长的预测问题 ·· 83
习题 ·· 84

第 5 章 数学规划 ·· 86
5.1 数学规划的 LINGO 求解 ·· 86
5.1.1 LINGO 程序举例 ··· 87
5.1.2 LINGO 软件的基本语法 ·· 89
5.1.3 LINGO 函数 ·· 92
5.2 数学规划模型 ··· 97
5.3 目标规划模型 ·· 104
5.3.1 目标规划与线性规划的区别 ··· 104
5.3.2 建立目标规划模型 ··· 106
5.3.3 目标规划的求解 ··· 107
5.4 数学规划的 MATLAB 求解 ··· 109
5.4.1 linprog 求解线性规划问题 ·· 110
5.4.2 intlinprog 求解混合整数线性规划 ·· 111
5.4.3 fminsearch 求解无约束非线性规划 ·· 112
5.4.4 fmincon 求解约束非线性规划 ·· 112
5.5 建模案例：碎纸片的拼接问题 ·· 114
习题 ··· 117

第 6 章 网络优化 ·· 120
6.1 最短路问题 ··· 121
6.1.1 两个指定顶点之间最短路问题的数学规划模型 ··························· 121
6.1.2 任意两个顶点之间最短路问题的 Floyd 算法 ······························· 123
6.2 网络流问题 ··· 125
6.2.1 最大流问题 ·· 125
6.2.2 最小费用流问题 ··· 127

6.3 旅行商问题 ··· 130
　　6.3.1 哈密尔顿圈 ·· 130
　　6.3.2 旅行商问题的数学规划模型 ······································ 130
　　6.3.3 改良圈算法(二边逐次修正法) ··································· 132
6.4 建模案例：钢管订购和运输问题 ·· 134
资源拓展 ·· 139
习题 ··· 139

第7章　数据的描述性统计 ·· 141

7.1 概率论基础知识 ·· 142
　　7.1.1 随机变量的分布 ·· 142
　　7.1.2 常见的概率分布 ·· 142
　　7.1.3 随机变量的概率及数字特征的计算 ···························· 143
7.2 基本统计量与统计图 ·· 145
　　7.2.1 基本统计量 ·· 145
　　7.2.2 几种常用的抽样分布 ·· 146
　　7.2.3 Python 计算统计量 ·· 147
　　7.2.4 统计图 ··· 150
7.3 参数估计与假设检验 ·· 153
　　7.3.1 参数估计 ·· 153
　　7.3.2 假设检验 ·· 155
7.4 建模案例：空气质量数据的探索分析 ··································· 158
习题 ··· 162

第8章　统计分析 ·· 165

8.1 数据预处理 ··· 165
　　8.1.1 数据处理 ·· 165
　　8.1.2 数据规范化 ·· 167
　　8.1.3 主成分分析 ·· 168
8.2 线性回归分析 ··· 171
　　8.2.1 一元线性回归模型 ·· 172
　　8.2.2 多元线性回归分析 ·· 173
8.3 分类分析 ·· 177
　　8.3.1 判别分析法 ·· 177
　　8.3.2 k 近邻分类 ·· 178
　　8.3.3 朴素贝叶斯分类法 ·· 179

8.3.4　支持向量机 …………………………………………………… 179
　　8.3.5　分类模型的评估 ……………………………………………… 181
8.4　建模案例:中药材的产地鉴别 ………………………………………… 184
习题 ……………………………………………………………………………… 189

参考文献 …………………………………………………………………………… 192

第 1 章 数学建模简介

数学是什么?按照恩格斯的说法,数学是研究现实世界中的数量关系和空间形式的科学.这是对数学的一个概括、中肯而又相对来说易于为公众了解和接受的说法.长期以来,在人们认识世界和改造世界的过程中,逐渐对数学的重要性及其作用形成了自己的认识和看法,而且这种认识和看法随着时代的进步也在不断发展.概括起来有以下几条:数学是一种精确的科学语言,数学是一个有力的工具,数学是各门科学的基础,数学是一门科学,数学是一门技术,数学是一种先进的文化,是人类文明的重要基础.上面这些对数学的看法,总的来说越来越得到人们的认同和共识.

学好了数学这个重要的语言和工具,掌握了数学这个重要的基础,那就掌握了开启任何科学技术之门的金钥匙.大学数学课程的教学决不应该定位于仅仅传授给学生种种数学知识,仅仅教给他们一套从定义、公理到定理、推论看来天衣无缝的体系.相反,数学的教学,不仅要使学生学到许多重要的数学概念、方法和结论,而且应该在传授数学知识的同时,使他们学会数学的思想方法,领会数学的精神实质,知道数学的来龙去脉,在数学文化的熏陶中茁壮成长.数学来源于人们的实践活动,最终应用到实践中去解决实际问题.

1.1 数学建模的概念

要用数学方法解决一个实际问题,无论这个问题是来自工程、经济、金融还是社会领域,都必须设法在实际问题与数学之间架设一个桥梁,首先要将这个实际问题转化为一个相应的数学问题,然后对这个数学问题进行分析和计算,最后将所求得的解答回归实际,看能否有效地回答原先的实际问题.这个过程,特别是其中的第一步,就称为数学建模,即为所考察的实际问题建立数学模型.人们解决实际问题的过程主要包括建立数学模型和模型求解.对于比较复杂的问题,这个过程一次成功的可能性通常不是很大.如果最后得到的结果在定性或者定量方面和实际情况还有很大的差距,就需要回过头来修正前面所建立的数学模型,一直到取得比较满意的结果为止.

随着计算机技术的发展,我们可以进行大规模的数学计算,从而人们应用数学解决实际问题的能力得到了极大的提高.李大潜院士说:数学科学与计算机技术相结合,已形成了一种普遍的、可以实现的关键技术——数学技术,成为当代高新技术的一个重要组成部分,"高技术本质上是一种数学技术"的提法,已经得到越来越多人的认同.不少重要科学领域的数学化趋势,也已呼之欲出或初见端倪.

今天,应用数学正处于迅速地从传统的应用数学进入现代应用数学的发展阶段,数学的应用范围空前扩展,从传统的力学、物理等领域拓展到化学、生物、经济、金融、信息、材料、环境、能源等各个学科及种种高科技甚至社会领域.因此,数学建模不仅进一步凸显了它的重要性,而且已成为现代应用数学的一个重要组成部分,并为应用数学乃至整个数学科学的发展提供了进一步的机遇和广阔的前景.

数学建模是数学走向应用的必经之路,利用数学建模可以提高大学生解决实际问题的能力,它是一条培养创新性应用型人才的有效途径.在认识到数学建模对科技和社会发展的巨大促进作用和数学建模能力的培养对学生素质提升的重要意义后,一些西方国家的大学在二十世纪六七十年代开始开设数学建模课程.为了促进大学生学习数学建模课程,美国数学及其应用联合会(COMAP)1985年发起并开始主办大学生数学建模竞赛.我国从20世纪80年代开始开设"数学建模"和"数学实验"课程,1992年开始组织全国大学生数学建模竞赛活动.

1.2 数学建模实例

数学建模全过程主要包括问题分析、数学模型的建立、模型求解、模型分析(如灵敏度分析、误差分析等)以及模型检验等.下面举例说明求解一个实际问题的过程.

例1 某医院病房每天都需要有人值班,每周一至周日所需的最少护士数为20、16、13、16、19、14和12,并要求每个护士连续工作5天然后休息2天.请给出该病房的护士值班表,使得所需的护士人数最少.

解 将所有的护士分成7组,把周一开始上班的人记为第1组,依此类推.设第i组的人数为x_i,那么每天在岗人数见表1-1.

表1-1 每天的值班人数

组别	周一	周二	周三	周四	周五	周六	周日
第1组	x_1	x_1	x_1	x_1	x_1		
第2组		x_2	x_2	x_2	x_2	x_2	
第3组			x_3	x_3	x_3	x_3	x_3
第4组	x_4			x_4	x_4	x_4	x_4
第5组	x_5	x_5			x_5	x_5	x_5
第6组	x_6	x_6	x_6			x_6	x_6
第7组	x_7	x_7	x_7	x_7			x_7

此问题的目标函数是所需护士总人数最少,约束条件为每天在岗值班的护士数不低于病房每天所需的最少数量,建立数学规划模型如下:

$$\min(x_1+x_2+\cdots+x_7)$$

$$\text{s.t.}\begin{cases} x_1+x_4+x_5+x_6+x_7 \geqslant 20 \\ x_2+x_5+x_6+x_7+x_1 \geqslant 16 \\ x_3+x_6+x_7+x_1+x_2 \geqslant 13 \\ x_4+x_7+x_1+x_2+x_3 \geqslant 16 \\ x_5+x_1+x_2+x_3+x_4 \geqslant 19 \\ x_6+x_2+x_3+x_4+x_5 \geqslant 14 \\ x_7+x_3+x_4+x_5+x_6 \geqslant 12 \\ x_1,\cdots,x_7 \geqslant 0 \text{ 且为整数}. \end{cases}$$

编写 LINGO 程序代码如下：

```
model:
sets:
    days/mon..sun/: required,start;
endsets
data:
! 每天所需的最少护士数;
    required =  20 16 13 16 19 14 12;
enddata
! 最小化护士总人数;
min= @ sum(days(i): start(i));
@ for(days(j): @ sum(days(i)| i # le# 5: start(@ wrap(j+ i+ 2,7))) > = required(j));
@ for(days(i):@ gin(start(i)));
end
```

用 LINGO 软件求解结果为

$$x_1=8, x_2=2, x_3=0, x_4=6, x_5=3, x_6=3, x_7=0.$$

该病房共需要 22 名护士. 经检验每天的值班护士人数都能满足值班要求,这个解是问题的最优解.

这是一个十分简单的案例,我们只是用它来说明用数学建模解决问题的全过程. 对于比较复杂的问题,如果最后得到的结果和实际情况还有很大的差距,那就需要回过头来不断地修正和改进前面所建立的数学模型,一直到取得比较满意的结果为止.

1.3 全国大学生数学建模竞赛

全国大学生数学建模竞赛一等奖论文

全国大学生数学建模竞赛是 1992 年开始由教育部和中国工业与应用数学学会联合举办的一年一届的全国大学生学科竞赛. 目的在于激励学生学习数学的积极性,提高学生建立数学模型和运用计算机技术解决实际问题的综合能力,鼓励广大学生踊跃参加课外科技活动,开拓知识面,培养创造精神及合作意识. 目前该竞赛已成为全国高校规模最大的基础性学科竞赛,一般在每年 9 月中旬某个周末(周四 18:00 至周日 20:00)举行. 大学生以队为单位参赛,每队 3 人,专业不限. 竞赛分本科、专科两组进行,获全国一、二等奖的数量约占参赛总队数的 5%.

竞赛题目一般来源于工程技术和管理科学等方面经过适当简化加工的实际问题,不要求参赛者预先掌握深入的专门知识,只需要学过高等学校的数学课程.题目有较大的灵活性供参赛者发挥其创造能力.参赛者应根据题目要求,完成一篇包括模型的假设、建立和求解、计算方法的设计和计算机实现、结果的分析和检验、模型的改进等方面的论文(即答卷).竞赛评奖以假设的合理性、建模的创造性、结果的正确性和文字表述的清晰程度为主要标准.竞赛宗旨:创新意识,团队精神,重在参与,公平竞争.

数学建模竞赛与传统意义上的数学竞赛完全不同.传统意义上的数学竞赛都是要求学生解决纯粹的数学问题,而数学建模竞赛的题目由工程技术、经济管理、社会生活等领域中的实际问题简化加工而成,具有很强的实用性和挑战性.竞赛紧密结合社会热点问题,吸引学生关心、投身国家的各项建设事业,培养他们理论联系实际的学风.竞赛让学生面对一个从未接触过的实际问题,对解决方法没有任何限制,学生可以运用自己认为合适的任何数学方法和计算机技术加以分析、解决,他们必须充分发挥创造力和想象力,从而培养了学生的创新意识及主动学习、独立研究的能力.竞赛没有事先设定的标准答案,但留有充分余地供参赛者发挥其聪明才智和创造精神.

在三天时间内同学可以自由地使用图书馆和互联网以及计算机和软件,需要学生在很短时间内获取与赛题有关的知识,锻炼了他们查阅文献、收集资料的能力.竞赛中三名大学生组成一队,他们在竞赛中分工合作、取长补短、求同存异,不仅相互启发、相互学习,也会相互争论,培养了学生们同舟共济的团队精神和进行协调的组织能力.竞赛要求每个队完成一篇用数学建模方法解决实际问题的科技论文,提高了他们的文字表达水平.可以说,这项竞赛是大学阶段除毕业设计外难得的一次"真刀真枪"的训练,相当程度上模拟了学生毕业后工作时的情况,既丰富、活跃了广大同学的课外生活,也为优秀学生脱颖而出创造了条件.

参加数学建模的意义在于培养学生的创新性应用能力,提高学生的综合素质,使学生"一次参赛,终身受益".具体来说,培养学生运用学过的数学知识和计算机软件解决实际问题的能力,培养创新意识和创造能力,培养团队合作意识和团结合作精神,培养查阅文献、搜集资料和快速掌握新知识的技能,培养学生撰写科技论文的文字表达能力,数学建模已经成为培养创新性应用型人才的重要途径.

1.4 数学建模与实验课程

数学建模和实验课程定位于培养学生应用数学知识解决实际问题的能力,因此教学中有大量的应用案例,通过案例教学可使学生认识到数学的应用价值,体会到数学是解决复杂问题的重要工具,提高学习数学的兴趣.此外,数学建模和数学实验课程还会介绍有关科学计算、插值拟合、运筹优化、微分方程、概率统计、数据分析等方面的数学知识及其应用.这些都是在解决实际问题时非常实用的方法和技术,是构成现代应用数学和数学技术的重要基础,在数学素质培养中是不可或缺的,而这些内容在非数学专业的传统大学数学课程中基本不会涉足,甚至数学专业的学生也未必能有全面的了解.教学内容展现数学来源于实际,应用到实际问题的过程,突出数学的应用性.

数学建模教学注重案例教学,注重培养解决实际问题的应用能力.数学建模课程的重点应放在实际问题与数学问题的双向"翻译"能力的培养上,学会分析问题和建立数学模型.而数学实验重点是利用计算机做实验和用软件对模型求解.数学软件是数学建模的工具,学生在具备了计算机程序的基本知识和技能后,需要在计算机上进行大量练习,熟练掌握计算机软件的使用,学会编写程序,提升动手能力.

数学建模与实验课程的教学目标是提高学生应用数学知识解决实际问题的能力,培养学生的创新应用能力.目的在于培养学生学会运用数学方法建立数学模型,并学会利用数学软件求解数学模型和科学计算.数学建模课程的核心是引导学生从"学"数学向"用"数学方面转变,强调数学学习的目的在于应用.通过案例教学和数学建模培训及竞赛等活动,使学生学会对实际问题进行分析、建立数学模型并用计算机软件编程求解,培养学生的数学应用意识和创新性应用能力.

第 2 章 MATLAB 基础

2.1 MATLAB 概述

MATLAB(MATrix LABoratory)是由美国 MathWorks 公司于 20 世纪 80 年代初推出的一套以矩阵计算为基础的、适合多学科、多种工作平台的高性能科学与工程计算软件. MATLAB 具有用法简单、灵活、结构性强、延展性好等优点,逐渐成为科技计算、视图交互系统和程序中的首选语言工具之一. 它具有功能强大的数值运算功能、强大的图形处理能力、高级但简单的程序环境以及丰富的工具箱与模块集. 通过双击 MATLAB 图标,启动 MATLAB 软件,进入工作界面,如图 2-1 所示.

图 2-1

MATLAB 工作界面包括下列面板:

当前文件夹:访问你的文件.

命令行窗口:在命令行中输入命令(由提示符">>"表示)并运行输出计算结果.

工作区:浏览你创建的或从文件导入的数据.

2.1.1 命令行窗口

使用 MATLAB 时,可发出创建变量和调用函数的命令. 例如,通过在命令行中输入以下语句来创建名为 a 的变量:

```
>>a=1
```

MATLAB 将变量 a 添加到工作区,并在命令行窗口中显示结果.

```
a=
   1
>>b=cos(a)
b=
   0.5403
```

如果未指定输出变量,MATLAB 将使用变量 ans(answer 的缩略形式)来存储计算结果.

```
>>sin(a)
ans=
    0.8415
```

如果语句以分号结束,MATLAB 会执行计算,但不在命令行窗口中显示输出.

```
>>c=a*b;
```

MATLAB 提供了一些实现管理功能的常用命令和编辑键,见表 2-1.

表 2-1

命 令	功 能
>>cd	显示当前工作目录
>>dir	显示当前工作目录或指定目录下的文件
>>clc	清除命令窗口中的所有内容
>>clf	清除图形窗口
>>quit(exit)	退出 MATLAB
>>disp(x)	显示变量 x 的内容
>>clear	清除工作空间中的所有变量
>>clear x	清除工作空间中的变量 x
>>save 文件名	把工作空间中的变量保存在当前目录下产生的一个扩展名为 mat 的文件中
>>load 文件名	把该 mat 文件中的变量调入到 MATLAB 的内存中

为了便于对输入的内容进行编辑,MATLAB 提供了一些控制光标位置和进行简单编辑的一些常用编辑键,见表 2-2.

表 2-2

键 名	作 用	键 名	作 用
↑	调用上一行	↓	调用下一行
←	光标左移一个字符	→	光标右移一个字符
home	光标置于当前行首	end	光标置于当前行尾
del	删除光标处的字符	backspace	删除光标前的字符

掌握这些命令可以在输入命令的过程中起到事半功倍的效果.例如,按向上(↑)和向下箭头键(↓)可以重新调用以前的命令.在以上按键中,反复使用"↑",可以调出以前输入的所有命令,进行修改、计算.

2.1.2 工作区

工作区包含用户在 MATLAB 中创建或者从数据文件或其他程序导入的变量. 可以在工作区浏览器或命令行窗口中查看和编辑工作区的内容. 例如,下列语句在工作区中创建变量 A 和 B.

```
>>A=magic(4);
>>B=rand(3,5,2);
```

桌面上的"工作区"窗格显示当前的变量名称及其主要信息,如图 2-2 所示.

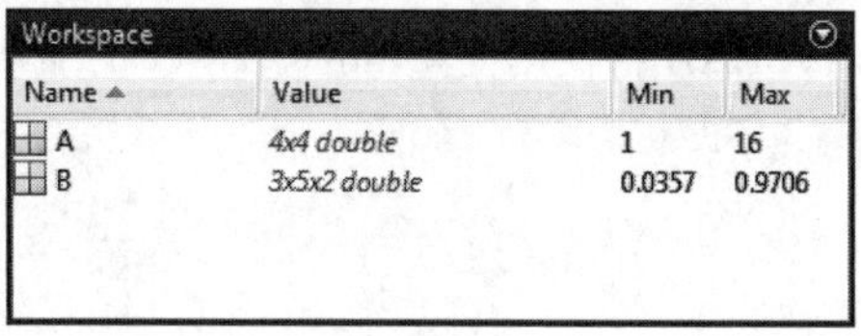

图 2-2

退出 MATLAB 后,工作区变量不保留. 若以后需要使用这些数据,可将其保存到具有".mat"扩展名的压缩文件(称为 MAT 文件)中,可以通过将 MAT 文件加载回 MATLAB 中来还原保存的数据,使用 save 命令保存数据以供将来使用,格式如下:

```
>>save myfile.mat
```

系统会把当前工作区中的数据保存到"myfile.mat"文件中,在当前文件夹中可以看到该文件. 使用 load 命令将 MAT 文件中的数据再还原到工作区:

```
>>load myfile.mat
```

要清除工作区中的所有变量,请使用 clear 命令.

```
>>clear
```

2.1.3 命令历史窗口

命令历史窗口显示所有执行过的命令. 在默认设置下,该窗口会保留自 MATLAB 安装后使用过的所有命令,并表明使用的时间. 利用该窗口,一方面可以查看曾经执行过的命令;另一方面,可以重复利用原来输入的命令,在命令历史窗口中双击某个命令,就可以执行该命令.

2.1.4 MATLAB 的帮助系统

所有 MATLAB 函数都有辅助文档,这些文档包含一些示例,并介绍函数输入、输出和调用语法. 从命令行访问此信息有多种方法:使用 doc 命令在单独的窗口中打开函数文档,例如:doc mean. 在输入函数参数的左括号之后暂停,此时命令行窗口中会显示相应函数的提示(函数文档的语法部分). 也可以使用 help 函数,将帮助文本添加到显示在命令行窗口中的程序中.

例如,查看算术平方根 sqrt 的详细信息.

```
>>help sqrt
SQRT(X) is the square root of the elements of X. Complex results are produced if X is not positive.
```

当要查找具有某种功能但又不知道准确名字的指令时,help 的能力就不够了,此时用 lookfor 可以根据用户提供的完整或不完整的关键词,去搜索出一组与之相关的指令.

```
>>lookfor integral    %查找有关积分的指令
>>lookfor fourier     %查找能进行傅里叶变换的指令
```

2.2 矩阵与数组

MATLAB 主要用于处理整个矩阵和数组,而其他编程语言大多逐个处理数值.所有 MATLAB 变量都是多维数组,与数据类型无关.矩阵是二维数组.

2.2.1 一维数组

1. 数组的创建

要创建一行向量数组,可使用逗号",""或空格分隔各元素.

(1)逐个输入.

```
>>a=[1  3  9  10  15  16]      %采用空格分隔构成行向量
>>b=[1; 3; 9; 10; 15; 16]      %采用分号隔开构成列向量
```

(2)利用冒号表达式":"生成有规律的数组.

```
>> z=1:5            % 初值=1,终值=5,默认步长=1
>> t=[0:0.1:10]     % 产生从 0 到 10 的行向量,元素之间间隔为 0.1
```

(3)生成线性间距向量.

linspace(n1,n2,n):产生 n1 和 n2 之间线性均匀分布的 n 个数(省略 n 时产生 100 个数).

```
>>x=linspace(1, 9, 5)     %初值=1,终值=9,元素数目=5
x=1  3  5  7  9
```

(4)生成对数间距向量.

logspace(a,b,n):a,b,n 分别表示开始值、结束值、元素个数.生成从 10 的 a 次方到 10 的 b 次方之间按对数等分的 n 个元素的行向量.n 如果省略,则默认值为 50.

```
>>y=logspace(1,3,5)
y=1.0e+03 *
    0.0100    0.0316    0.1000    0.3162    1.0000
```

2. 数组元素的调用

数组的元素可以通过下标调用,如:

x(i):数组 x 的第 i 个元素;

x(a:b:c):调用数组 x 的从第 a 个元素开始,以步长为 b 到第 c 个元素,b 可以为负数,b 省略时为 1;

x([a b c d]):调用数组 x 的第 a、b、c、d 个元素.

```
>>x=1:10;
>>x1=x(2)
>>x2=x(1:2:10)
>>x3=x([1,5,7])
```

3. 数组的运算

数组的运算有相应的运算符号,同时要符合数学中关于向量的运算法则.

```
>>a=[1  3  9  10  15  16];
>>b=1:6;
>>d=a+b
d=
    2    5   12   14   20   22
>>e=a*b'% 向量的乘法,b'是b的转置
e=
   245
```

数组中元素的运算:.^点乘方,.*点乘,./点除.

```
>>a.^2
ans=
    1    9   81   100   225   256
>>a.*b
ans=
    1    6   27    40    75    96
>>a./b
ans=
    1.0000   1.5000   3.0000   2.5000   3.0000   2.6667
```

2.2.2 矩阵的创建

矩阵实质上是二维数组.

(1)创建包含多行的矩阵,使用分号分隔各行.

```
>>a=[1 3 5; 2 4 6; 7 8 10]
a=
    1    3    5
    2    4    6
    7    8   10
```

由于 MATLAB 的数值计算功能都是以矩阵为基本单元进行的,因此,MATLAB 中矩阵的运算可谓最全面、最强大.

```
>>sin(a)
ans=
    0.8415    0.1411   -0.9589
    0.9093   -0.7568   -0.2794
    0.6570    0.9894   -0.5440
```

(2) 创建矩阵的另一种方法是使用 eye、ones、zeros 或 rand 等函数. eye(m,n) 可得到一个可允许的最大单位矩阵而其余处补 0. rand(m,n) 产生 $m \times n$ 阶矩阵,其中的元素是服从 $[0,1]$ 上均匀分布的随机数. 矩阵大小可不预先定义,无任何元素的空矩阵也合法.

例如,创建一个由零组成的 5×1 列向量.

```
>>z=zeros(5,1)
```

矩阵元素可以为运算表达式.

```
>>b=[sin(pi/3),cos(pi/4);log(9),2.34^2]
b=
    0.8660    0.7071
    2.1972    5.4756
```

(3) 当矩阵很大,不适合在命令窗口直接输入时,可以使用 MATLAB 提供的矩阵编辑器来完成矩阵的输入和修改. 例如在命令窗口中输入 A=1,打开工作空间窗口,选中变量 A 双击,即可打开矩阵 **A** 的编辑器,通过添加或修改原来的元素,可以建立起我们需要的矩阵.

(4) 稀疏矩阵.

稀疏矩阵是指矩阵中零元素很多,非零元素很少的矩阵. 对于稀疏矩阵,只要存放非零元素的行标、列标、非零元素的值即可. 图论中表示有向图和无向图的邻接矩阵就是稀疏矩阵. 在 MATLAB 中,无向图和有向图邻接矩阵在使用上有很大差异:

① 对于有向图,只要写出邻接矩阵,直接使用 MATLAB 的 sparse 命令,即可把邻接矩阵转化为稀疏矩阵的表示方式.

② 对于无向图,由于邻接矩阵是对称阵,MATLAB 中只需使用邻接矩阵的下三角元素,即 MATLAB 只存储邻接矩阵下三角元素中的非零元素.

稀疏矩阵只是一种存储格式. MATLAB 中,普通矩阵使用 sparse 命令变成稀疏矩阵;稀疏矩阵使用 full 命令变成普通矩阵.

```
>>a=zeros(5);
>>a(1,[2,4])=[3,4];
>>a(3,[2:4])=[1 3 8];
>>a(5,[1,5])=[6,7]
a=
    0    3    0    4    0
    0    0    0    0    0
    0    1    3    8    0
    0    0    0    0    0
    6    0    0    0    7
>>b=sparse(a)    %普通矩阵转化成稀疏矩阵
b=
    (5,1)        6
    (1,2)        3
    (3,2)        1
    (3,3)        3
    (1,4)        4
    (3,4)        8
    (5,5)        7
```

2.2.3 矩阵元素的提取与修改

提取矩阵中的某个元素或子矩阵：

A(m,n)：提取第 m 行,第 n 列元素；

A(:,n)：提取第 n 列元素；

A(m,:)：提取第 m 行元素；

A(m1:m2,n1:n2)：提取第 m1 行到第 m2 行和第 n1 列到第 n2 列的所有元素；

A(m:end,n)：提取从第 m 行到最末行和第 n 列的子块；

A(:)：得到一个长的列向量,元素按矩阵的列进行排列.

举例如下：

```
>>a=[1 2 3;4 5 6;7 8 9];
>>b=a(1,:)          %提取第1行
b=
    1    2    3
>>c=a(1:2,2:3)
c=
    2    3
    5    6
>>a(2,3)=100
a=
    1    2    3
    4    5    100
    7    8    9
>>a(:, 2)= [ ]      %使矩阵 a 的第 2 列为空阵,即删除第 2 列
a=
    1    3
    4    100
    7    9
```

2.2.4 矩阵的运算

1. 基本运算

运算符：+,-,*,\,/,^,.*(点乘),./(点右除),.\(点左除),.^(点乘方). 例如,A\B, B/A, A.*B, A./B, A.\B, A.^B

注意：矩阵除法有左除"\"和右除"/"两种. 方程 $AX=B$ 的解用 $X=A\backslash B$ 表示,方程 $XA=B$ 的解用 $X=B/A$ 表示. 方阵的乘方运算：当 p 为正整数时,A^p 表示矩阵 A 自乘 p 次；A.^p 表示矩阵 A 的每个元素的 p 次幂.

```
>> x=[1 2 3;4 5 6;7 8 9];
>> y=[9 8 7;6 5 4;3 2 1];
>> x.*y             %数组对应元素相乘
ans=
     9    16    21
    24    25    24
    21    16    9
>> x*y              %矩阵乘法:按照线性代数理论进行
```

```
ans =
    30    24    18
    84    69    54
   138   114    90
>>a=[1 3 5;2 4 6;7 8 10];
>>a.^3
ans=
     1    27   125
     8    64   216
   343   512  1000
```

2. 矩阵拼接

串联是连接数组以便形成更大数组的过程,成对的方括号[]即为串联运算符.

```
>>A=[a,a]
A=
   1   3   5   1   3   5
   2   4   6   2   4   6
   7   8  10   7   8  10
```

3. 矩阵函数

矩阵常用函数:行列式 det,逆矩阵 inv,矩阵的秩 rank,矩阵范数 norm 等.
[V,D]＝eig(A),求矩阵 **A** 的特征向量和特征值,这里 V 的列向量是对应的特征向量.

```
>>a=[1 3 5;2 4 6;7 8 10];
>>d=det(a)
d=
   -2.0000
>>p=a*inv(a)   %确认矩阵乘以其逆矩阵可返回单位矩阵
p=
   1.0000   0.0000  -0.0000
        0   1.0000  -0.0000
        0   0.0000   1.0000
>>X=[-2 1 1;0 2 0;-4 1 3];
>>[V D]=eig(X)
V=
  -0.7071  -0.2425   0.3015
        0        0   0.9045
  -0.7071  -0.9701   0.3015
D=
   -1    0    0
    0    2    0
    0    0    2
```

其中 V 的第 1 列向量是特征值－1 的特征向量.

4. 查找函数 find

find 函数在对数组元素进行查找、替换和修改等操作中占有非常重要的地位,熟练运用可以方便而灵活地对数组进行操作.

find(a):返回由矩阵 a 的所有非零元素的位置标识组成的向量(元素的标识是按列进行的,

MATLAB 中列优先),如果没有非零元素则会返回空值.

find(a==m):返回由矩阵中数值为 m 的元素的位置标识组成的向量.

```
>>a=[1  3  5;2  4  6;7  8  10];
>>[i,j]=find(a==6)
i=2
j=3
>>a(find(a==6))=100
a=
     1    3    5
     2    4    100
     7    8    10
```

2.2.5 解线性方程组

例1 求解下列方程组

$$\begin{cases} 2x_1+x_2-5x_3+x_4=8 \\ x_1-3x_2-6x_4=9 \\ 2x_2-x_3+2x_4=-5 \\ x_1+4x_2-7x_3+6x_4=0 \end{cases}$$

解 编写程序代码如下:

```
>>a=[2,1,-5,1;1,-3,0,-6;0,2,-1,2;1,4,-7,6];
>>b=[8;9;-5;0];
>>x= a\b
x=
     3.0000
    -4.0000
    -1.0000
     1.0000
```

例2 求解方程组

$$\begin{cases} x_1-x_2-x_3+x_4=0 \\ x_1-x_2+x_3-3x_4=1 \\ x_1-x_2-2x_3+3x_4=-1/2 \end{cases}$$

解 编写程序代码如下:

```
>>a=[1,-1,-1,1;1,-1,1,-3;1,-1,-2,3];
>>b=[0;1;-1/2];
>>x=a\b
x=
          0
    -0.2500
          0
    -0.2500
```

MATLAB 中解非齐次线性方程组可以使用"\",它包含许多自适应算法,如对超定方程用最小二乘法求解,对欠定方程它将给出范数最小的一个解,等等.

例 3 求超定方程组

$$\begin{cases} 2x_1+4x_2=11 \\ 3x_1-5x_2=3 \\ x_1+2x_2=6 \\ 2x_1+x_2=7 \end{cases}$$

解 编写程序代码如下：

```
>>a=[2,4;3,-5;1,2;2,1];
>>b=[11;3;6;7];
>>x= a\b
```

求得最小二乘解为 $x=(3.0403,1.2418)^T$.

上面解超定方程组的"\"可以用伪逆命令"pinv"代替"pinv(a)*b"，且 pinv 的使用范围比"\"更加广泛，pinv 也给出最小二乘解或最小范数解．

2.3 数值计算

数学代数式中含有变量和函数，数值计算是数学中最基本的一种运算．在 MATLAB 中需要对变量进行命名、赋值，然后计算其各种函数值．

2.3.1 变量命名

MATLAB 中变量的命名规则是：变量名区分大小写；变量名的长度不超过 31 位；变量名必须以字母开头，之后可以是任意字母、数字或下划线，变量名中不允许使用标点符号．定义变量时应避免与特殊变量名相同，MATLAB 中常用的特殊变量名见表 2-3．

表 2-3

特殊变量	意 义	特殊变量	意 义
i 或 j	虚数单位	realmin	最小可用正实数
pi	圆周率	realmax	最大可用正实数
eps	计算机的最小浮点数 $2^{\wedge}(-52)$	inf	正无穷大
NaN	Not a Number,非数		

在赋值过程中，如果变量已存在，MATLAB 将使用新值代替旧值，并以新的变量类型代替旧的变量类型．

2.3.2 数学运算符号及标点符号

MATLAB 中数学运算符号包括＋(加法)、－(减法)、*(乘法)、/(右除)、\(左除)、^(乘方)．例如：

```
>>x=2;y=x^2
y=
   4
>> (12+ 2* (7-4))/3^(1/3)
ans=
   12.4805
```

MATLAB 中标点符号的含义：

(1) 如果语句后为逗号或无标点符号，则在命令窗口中显示该语句的计算结果；如果语句后为分号，MATLAB 的计算结果存储在工作空间，不在命令窗口中显示．

(2) 在 MATLAB 的命令窗口中输入一个表达式或利用 MATLAB 进行编程时，如果表达式太长，可以用续行符号"…"将其延续到下一行．

(3) 编写 MATLAB 程序时，通常利用符号"％"对程序或其中的语句进行注释．

2.3.3 关系和逻辑运算

关系运算有 <、<=、>、>=、==、~=，逻辑运算有"&"(与)、"|"(或)、"~"(非). 关系和逻辑表达式的输出结果为表达式命题的真假判断，对于真输出为 1；对于假输出为 0. 例如：

```
>>x=2;
>>x>3
ans=
    0
>>x<=2|5>3
ans=
    1
>>a=[1 0 2;3 0 0];
>>a(a==0)=100
a=
    1 100 2
    3 100 100
```

2.3.4 数值的显示格式命令

数值的显示格式命令见表 2-4.

表 2-4

MATLAB 命令	含 义	范 例
format short	短格式	3.1416
format short e	短格式科学格式	3.1416e+10
format long	长格式	3.14159265358979
format long e	长格式科学格式	3.141592653589793e+10
format rat	有理格式	355/113

例 1 计算星球之间的万有引力．

```
>>G=6.67e-11;           %引力恒量
>>sun=1.987e+30;        %太阳质量 1.987×10^30 kg
>>earth=5.975e+24;      %地球质量 5.975×10^24 kg
>>d1=1.495e+11;         %太阳和地球的距离 1.495×10^11 m
>>g1=G*sun*earth/d1^2   %太阳和地球的引力
g1=
   3.5431e+22
>>moon=7.348e+22;       %月亮质量 7.348×10^22 kg
>>d2=3.844e+5;          %月亮和地球两者间距 3.844×10^5 m
>>g2=G*moon*earth/d2^2  %月亮和地球的引力
g2=
   1.9412e+26
```

2.3.5 数学函数

MATLAB 函数由函数名、输入变量和输出变量组成. 常用的函数有三角函数与反三角函数、指数和对数函数、概率统计函数、截断和求余函数、向量函数等.

1. 三角函数与反三角函数

常用三角函数：sin、cos、tan、cot、sec、csc、asin、acos、atan、acot、asec、acsc 等.

2. 指数和对数函数

常用的指数和对数函数：exp(以 e 为底的指数函数)、pow2(以 2 为底的指数函数)、sqrt(算术平方根函数)、log(自然对数函数)、log 10(以 10 为底的对数函数).

例 2 计算 $\dfrac{\mathrm{e}^{(a+b)}}{\lg(a+b)}$ 在 $a=5.67, b=7.811$ 时的函数值.

解 编写程序代码如下：

```
>>a=5.67; b=7.811;
>>exp(a+b)/log10(a+b)
ans=
    6.3351e+05
```

例 3 计算 $\dfrac{\sin x + \sqrt{35}}{\sqrt[5]{72}}$ 在 $x = 45°$ 时的函数值.

解 编写程序代码如下：

```
>>x=pi/180*45;      %将角度单位由度转换为函数要求的弧度值
>>z=(sin(x)+sqrt(35))/72^(1/5)
z=
    2.8158
```

例 4 已知三角形的三条边长度分别为 3、4、5，求其面积.

解 编写程序代码如下：

```
>>a=3; b=4; c=5;    %三角形的三条边的长度
>>s=(a+b+c)/2;
>>area=sqrt(s*(s-a)*(s-b)*(s-c))
area=
    6
```

3. 概率统计函数

概率统计中常见的分布函数为：正态分布(norm)、均匀分布(unif)、指数分布(exp)、t 分布(t)、F 分布(F)、二项分布(bino)、泊松分布(poiss)，其中括号内为分布函数对应的 MATLAB 命令字符.

MATLAB 为每一种分布函数都提供了五类命令函数：概率密度(pdf)、概率分布(cdf)、逆概率分布(inv)、均值与方差(stat)、随机数生成(rnd). 当需要某一种分布的某一类函数时，将以上所列的分布命令字符与函数命令字符连接起来组合使用，并输入自变量(可以是标量、数组或矩阵)和参数即可.

例 5 计算正态分布 $N(10,25)$ 的随机变量落在区间 $[8,12]$ 上的概率.

解 编写程序代码如下：

```
>>P=normcdf(12,10,5)-normcdf(8,10,5)
P=
    0.3108
```

例6 X 是服从二项分布 $B(100,0.2)$ 的随机变量,求 $P\{X=18\}$.

解 编写程序代码如下:

```
>>P=binocdf(18,100,0.2)
P=
    0.3621
```

4. 截断和求余函数

截断和求余函数: mod(除法求余数,与除数同号)、sign(符号函数)、fix(朝零方向取整函数)、floor(向负无穷方向取整函数)、ceil(向正无穷方向取整函数)、round(四舍五入函数)、rats(有理逼近函数).

当一个标量函数作用于向量或矩阵时,是这个标量函数作用于这个向量或矩阵的每一个元素.这个功能将极大地方便人们处理成批数据.

```
>>a=rand(3,4)*10
a=
    8.1472    9.1338    2.7850    9.6489
    9.0579    6.3236    5.4688    1.5761
    1.2699    0.9754    9.5751    9.7059
>>a1=round(a)
a1=
    8    9    3   10
    9    6    5    2
    1    1   10   10
>> a2=mod(a1,3)
a2=
    2    0    0    1
    0    0    2    2
    1    1    1    1
```

5. 有关向量的函数

MATLAB 中作用于行向量或列向量的函数: max(最大值)、min(最小值)、sum(和)、length(长度)、mean(平均值)、median(中数)、prod(乘积)、sort(从小到大排列). 例如:

```
>>x=[0.68,0.21,0.83,0.62,0.13,0.20,0.60,0.62,0.37,0.57];
>>a=max(x),b=min(x),c=mean(x),d=median(x),e=sum(x),n=length(x)
```

运行结果为: $a=0.8300, b=0.1300, c=0.4830, d=0.5850, e=4.8300, n=10$.

当一个向量函数作用于一个矩阵时会产生一个行向量,这个行向量的每个元素是向量函数作用于矩阵相应列向量的结果.

```
>>x=[-2  1  1;0  2  0;-4  1  3];
>>a=max(x)
a=
    0    2    3
```

2.4 符 号 运 算

在数学中除了数值运算之外,还有代数式的运算、因式分解、变量替换、函数的极限、导数、积分以及求解方程与微分方程组等,它们的运算结果是代数式,这样的运算都是符号运算.

2.4.1 符号变量和符号表达式

1. 建立符号对象的函数

建立符号对象的函数有 sym 和 syms,两个函数的用法不同.

(1) sym 函数用来建立单个符号变量,一般调用格式为:

```
符号变量名= sym('符号字符串')
```

该函数可以建立一个符号量,符号字符串可以是常量、变量、函数或表达式. 例如

```
>> f1=sym('(exp(x)+x) * (x+2)')    %创建符号变量 f1 和一个符号表达式
f1=
   (exp(x)+x) * (x+2)
```

(2) syms 函数一次可以定义多个符号变量,一般调用格式为:

```
syms 符号变量名 1 符号变量名 2 … 符号变量名 n
```

这些符号变量生成的表达式就是符号表达式

```
>>syms a b c x
>>f1=a * x^2+b * x+c
```

2. 对符号表达式化简的函数

simplify(s):应用函数规则对符号表达式 s 进行化简.

simple(s):调用 MATLAB 的其他函数对表达式进行综合化简,并显示化简过程.

```
>>f2=sym('(a+b-2 * a)/(sin(x)^2+cos(x)^2)')
f2=
-(a-b)/(cos(x)^2+sin(x)^2)
>>f3=simplify(f2)
f3=
b-a
```

3. 将符号表达式变换成数值

eval 函数可以将符号表达式变换成数值表达式.

subs(s,old,new):用符号或数值变量 new 替换 s 中的符号变量 old.

```
>>syms x t
>>y=acot(x) * x+1/2 * log(1+x^2)+1/3 * x^3;
>>x=1;f=eval(y)    %将符号表达式变换成数值表达式,代入自变量的值进行计算
f=
   1.4653
>>y=sym('1/20-3/5+2 * a')
```

```
y=
    1/20-3/5+2*a
>> eval(y)
ans=
    2*a-11/20
>>clear
>>syms a b
>>subs(a+b,a,4)      % 用 4 替代 a+b 中的 a
ans=
    4+b
>>c=subs(cos(a)+sin(b),{a,b},{pi/3,pi/2})
c=
    7661958702475223/18014398509481984
>>eval(c)
ans=
    0.4253
```

2.4.2 微积分运算

1. 极限运算

limit 函数的调用格式为:

(1) limit(f,x,a):求函数 f(x)当变量 x 趋近于常数 a 时的极限值.

(2) limit(f,a):没有指定函数 f(x)的自变量时,求默认自变量趋近于 a 的极限.

(3) limit(f):默认变量趋近于 0 的极限.

(4) limit(f,x,a,'right'):求变量 x 从右边趋近于 a 时函数 f 的极限值.

(5) limit(f,x,a,'left'):求变量 x 从左边趋近于 a 时函数 f 的极限值.

例 1 求极限(1) $\lim\limits_{x \to 0} \dfrac{3\sin x + x^2 \cos \dfrac{1}{x}}{(1+\cos x)\ln(1+x)}$; (2) $\lim\limits_{x \to \infty} \left(\dfrac{x+2a}{x-a}\right)^x$.

解 编写程序代码如下:

(1)

```
>>syms x a
>>f=(3*sin(x)+x^2*cos(1/x))/((1+cos(x))*log(1+x));
>>s=limit(f,x,0)
>>s=simplify(s)    %对符号函数进行化简
```

求得的结果为 3/2.

(2)

```
>>s1=limit(((x+2*a)/(x-a))^x,x,inf)
>>s2=limit(((x+2*a)/(x-a))^x,x,-inf)
```

求得的结果为 s1 = exp(3*a),s2 = exp(3*a).

2. 导数运算

diff 函数用于对符号表达式求导数. 该函数的一般调用格式为:

diff(s):按默认变量对符号表达式 s 求一阶导数.

diff(s,'v'):以 v 为自变量,对符号表达式 s 求一阶导数.

diff(s,n):按默认变量对符号表达式 s 求 n 阶导数,n 为正整数.

diff(s,'v',n):以 v 为自变量,对符号表达式 s 求 n 阶导数.

先用 syms 定义符号函数,再给出函数表达式,然后进行符号运算.

```
>>syms f(x,y)
>>f(x,y)=x^2+ 2 * x * y;
>>fx= diff(f,x)    %求偏导
```

也可以先用 syms 定义符号变量,再给出函数表达式,然后进行符号运算.

```
>>syms x y
>>f=x^2+2 * x * y;
>>fx=diff(f,x)
```

例 2 (1)求函数 $y=\ln(x+\sqrt{1+x^2})$ 的二阶导数;(2)求向量 $a=(1,0.5,3.5,6)$ 的一阶前向差分.

解 编写程序代码如下:

```
>>syms y(x)
>>y=log(x+sqrt(1+x^2));
>>s=diff(y,x,2)
>>s=simple(s)              %对符号函数进行化简
s=
   -x/(1+ x^2)^(3/2)
>>a=[1,0.5,3.5,6]; da=diff(a)
da=
   - 0.5000    3.0000    2.5000
```

3. 积分运算

int(s):按默认变量对被积函数 s 求不定积分.

int(s,v):以 v 为自变量,对被积函数或符号表达式 s 求不定积分.

int(s,v,a,b):求被积函数在区间[a,b]上的定积分. a 和 b 可以是两个具体的数,也可以是一个符号表达式,还可以是无穷(inf).

例 3 求不定积分 $\int \dfrac{1}{1+\sqrt{1-x^2}}\mathrm{d}x$.

解 编写程序代码如下:

```
>>syms x
>>I=int(1/(1+sqrt(1-x^2)))
I=
   (x * asin(x)+ (1-x^2)^(1/2)-1)/x
```

例4 求积分 $\int_0^{+\infty} \dfrac{\sqrt{x}}{(1+x)^2}\mathrm{d}x, \iint x\mathrm{e}^{-xy}\mathrm{d}x\mathrm{d}y$.

解 编写程序代码如下：

```
>>syms  x  y
>>int(sqrt(x)/(1+x)^2,0,inf)
ans=
  1/2*pi
>>double(ans)          %对数字的符号表达式转化为数值
ans=
  1.5708
>>I=int(int(x*exp(-x*y),'x'),'y')
I=
  1/y*exp(-x*y)
```

例5 计算 $\iiint\limits_{\Omega} z\mathrm{d}v$，其中 Ω 是由圆锥曲面 $z^2 = x^2 + y^2$ 与平面 $z=1$ 围成的闭区域.

解 由该图很容易将原三重积分化成累次积分：

$$\iiint\limits_{\Omega} z\mathrm{d}v = \int_{-1}^{1} \mathrm{d}y \int_{-\sqrt{1-y^2}}^{\sqrt{1-y^2}} \mathrm{d}x \int_{\sqrt{x^2+y^2}}^{1} z\mathrm{d}z$$

于是可用下述命令求解此三重积分：

```
clear
syms x y z
f=z;
f1=int(f,z,sqrt(x^2+y^2),1);
f2=int(f1,x,-sqrt(1-y^2), sqrt(1-y^2));
int(f2,y,-1,1)
```

计算结果为 $\dfrac{\pi}{4}$.

对于曲线积分和曲面积分，都可以归结为求解特定形式的定积分和二重积分，因此可完全类似地使用 int 命令进行计算，并可用 diff 命令求解中间所需的各偏导数.

例6 用 MATLAB 计算第二类曲线积分

$$I = \int_{\Gamma} (x^2 - yz)\mathrm{d}x + (y^2 - xz)\mathrm{d}y + (z^2 - xy)\mathrm{d}z$$

其中曲线为 $x = a\cos t, y = a\sin t, z = bt, t \in [0, 2\pi]$.

解 编写程序代码如下：

```
syms x y z a b t
x=a*cos(t);
y=a*sin(t);
z=b*t;
F=[x^2-y*z; y^2- x*z; z^2-y*x];
```

```
V=[x,y,z];
T=jacobian(V,t);
f=F.'*T;
I=int(f,0,2*pi)
```

求解结果为 $\dfrac{8b^3\pi^3}{3}$.

2.4.3 级数求和与泰勒级数展开

symsum(s,v,n,m):计算符号表达式 s 对于自变量 v 从 n 到 m 求和.

taylor(f,v,'order',n):将函数 f 按变量 v 展开为泰勒级数,展开到第 n 项(即变量 v 的 n−1 次幂)为止,n 的默认值为 6. v 的默认值与 diff 函数相同. 参数 a 指定将函数 f 在自变量 v=a 处展开,a 的默认值是 0.

例 7 求 $\sum\limits_{n=1}^{\infty}\dfrac{2n-1}{2^n}$.

解 编写程序代码如下:

```
syms n
f1=(2*n-1)/2^n;
s1=symsum(f1,n,1,inf)
```

求得结果为 3.

例 8 计算表达式 $f=\dfrac{1}{5+\cos x}$ 的 8 阶泰勒展开式.

解 编写程序代码如下:

```
>>syms x
>>f=1/(5+cos(x));
>>r=taylor(f,x,0,'order',8)
r=
x^2/72-x^6/17280+ 1/6
```

2.4.4 方程求解

在 MATLAB 中,求解代数方程可由函数 solve 实现,其调用格式为:

solve(s):求解符号表达式 s=0 的代数方程,自变量为默认变量.

solve(s,v):求解符号表达式 s=0 的代数方程,自变量为 v.

solve(s1,s2,…,sn,v1,v2,…,vn):求解符号表达式 s1,s2,…,sn 组成的代数方程组,自变量分别为 v1,v2,…,vn.

例 9 求解代数方程:(1) $3x^2+12x+8=0$;(2) $\cos 2x+\sin x=1$.

解 编写程序代码如下:

```
>>y=sym('3*x^2+12*x+8'),y_zero=solve(y)
y_zero=
```

```
    -2+2/3 * 3^(1/2)
    -2-2/3 * 3^(1/2)
>>y_zero_num=double(y_zero)    %double 变成双精度数值类型
y_zero_num =
    -0.8453
    -3.1547
>>y_zero_num=eval(y_zero)    %eval 将符号表达式变换为数值表达式
y_zero_num =
    -0.8453
    -3.1547
>>solve('cos(2 * x)+ sin(x)=1')
ans=
         0
      pi/6
 (5 * pi)/6
```

例 10 求解代数方程组 $\begin{cases} x^2-y^2+z=10 \\ x+y-5z=0 \\ 2x-4y+z=0 \end{cases}$.

解 编写程序代码如下：

```
>>syms x y z
>>f=x^2-y^2+z-10;
>>g=x+y-5 * z;
>>h=2 * x-4 * y+z;
>>[x,y,z]=solve(f,g,h);
>>double([x,y,z])
ans=
    3.6481     2.1121     1.1520
   -4.1231    -2.3871    -1.3020
```

也可以输入代码：

```
>>[x,y,z]=solve('x^2-y^2+ z=10',' x+y-5 * z=0','2 * x-4 * y+z=0')
```

例 11 求函数 $f(x)=x^3+6x^2+8x-1$ 的极值点.

解 对函数求导，然后令 $f'(x)=0$，解方程则可求得函数的极值点.

```
>>syms x
>>y= x^3+6 * x^2+ 8 * x-1; dy= diff(y);
>>dy_zero= solve(dy), dy_zero_num= double(dy_zero) %double 函数把变量变成双精度数
值类型
dy_zero=
    -2+2/3 * 3^(1/2)
    -2-2/3 * 3^(1/2)
```

```
dy_zero_num=
    -0.8453
    -3.1547
```

2.5 MATLAB 绘图

MATLAB 的绘图功能可以实现数据的可视化. 在作二维图形和三维图形之前, 必须先取得该图形上一系列点的坐标, 然后利用 MATLAB 函数作图. 下面着重介绍二维图形和三维图形的绘图命令.

2.5.1 二维图形

1. 基本绘图命令

(1) plot 命令: 绘制二维图形最常用的命令是 plot. 对于不同形式的输入, 该函数可以实现不同的功能.

① plot(x): 如果 x 为实向量, 则以 x 的索引坐标作为横坐标, 以 x 各元素作为纵坐标绘制图形.

```
>>x=[0   0.5   0.75   0.95   0.8   0.35]; plot(X)      %如图 2-3 所示
```

② plot(x,y): 当 x 和 y 为向量时, x 和 y 的维数必须相同, 而且同时为行向量或同时为列向量. 此时以第一个向量的分量为横坐标, 第二个向量的分量为纵坐标绘制图形. 例如:

```
>>x= 0:0.01*pi:pi; y=sin(x).*cos(x);    %此处的.*表示两个向量对应元素的乘积
>>plot(x,y)                              %如图 2-4 所示
```

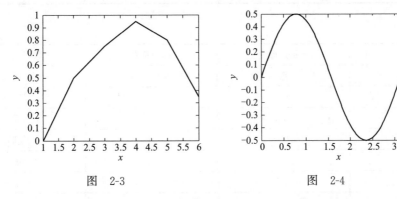

图 2-3　　　　　　　　　　图 2-4

当 x, y 为 $m \times n$ 阶矩阵时, 将在同一幅图中绘出 n 条不同颜色的连线. MATLAB 会自动地把不同曲线绘制成不同的颜色, 以进行简单的区别.

```
>>x= 0:0.01*pi:pi; y=[sin(x);cos(x)];
>>plot(x,y)        %如图 2-5 所示
```

③ plot(x,y,':颜色线型点的标记'): 当要绘制具有不同颜色、线型、标识等的图形时, 可在第三个输入变量中设置图形显示属性的选项, 即颜色、线型、标识符号.

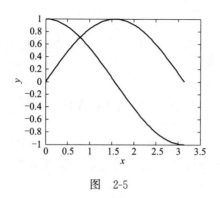

图 2-5

表 2-5 plot 命令中的颜色、线型、符号

(a)颜色

颜色字符	颜色	颜色字符	颜色
y	黄	g	绿
m	紫	b	蓝
c	青	w	白
r	红	k	黑

(b)线型

线型字符	线型	线型字符	线型
—	实线(默认)	—.	点划线
:	点线	——	虚线

(c)符号

标识符号	数据点形式	标识符号	数据点形式
.	点	>	右三角形
o	圆	<	左三角形
x	叉号	s	方形
+	加号	d	菱形
*	星号	h	六角星
v	下三角形	p	五角星
^	上三角形		

(2)fplot 命令.

前面介绍的 plot 命令是根据外部输入数据或通过函数数值计算得到的数据进行作图. 而在实际应用中,人们可能并不知道某一函数随自变量变化的趋势,此时若采用 plot 命令来绘图,则有可能会因为自变量的取值间隔不合理而使曲线图形不能反映出自变量在某些区域内函数值的变化情况. 当然我们可以将自变量间隔取得足够小,以体现函数值随自变量变化的曲线,但这样会使数据量变大.

fplot 命令可以很好地解决这个问题. 该命令通过内部的自适应算法来动态决定自变量的取值间隔,当函数值变化缓慢时,间隔取大一点;变化剧烈时,间隔取小一点. fplot 命令的调用方式:

fplot(@fun,[xmin xmax ymin ymax])是在[xmin xmax]内画出字符串 fun 表示的函数的图形,[ymin ymax]给出了 y 的限制. 例如:

```
>>fplot('sin(x)/x',[-20 20 -0.3 1.3])    %如图 2-6 所示
```

2. 图形修饰

除了提供强大的绘图功能外,MATLAB 语言还有极为强大的图形处理能力.

(1)图形控制.

MATLAB 语言中较常用的图形控制函数有坐标轴控制函数 axis 和坐标网格函数 grid 等.

① axis 函数控制坐标轴:

axis([xmin xmax ymin ymax]):[]中分别给出了 x 轴和 y 轴的最小、最大值;

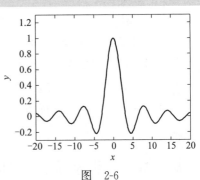

图 2-6

axis equal:x 轴和 y 轴单位长度相同;

axis square:图框呈方形;

axis off:清除坐标刻度.

例如:

```
>>x= 0:0.025:pi/2; plot(x,tan(x),'- ko')
>>axis([0 pi/2 0 5])      %使用 axis 命令设定坐标轴之后的图形
```

② grid 函数控制平面图形的坐标网格:MATLAB 提供了平面网图函数 grid 用于绘制坐标网格,提高图形显示效果. grid 函数的调用格式如下:

grid on:图形中绘制坐标网格;

grid off:取消坐标网格.

(2)图形的标注.

MATLAB 语言还提供了丰富的图形标注函数供用户自由地标注所绘制的图形.

①坐标轴标注和图形标题.

xlabel,ylabel 可为 x,y 坐标轴添加标注;title 为图形添加标题.

②图例标注.

在同一张图形中绘制多条曲线的情况,这时可以使用 legend 命令为曲线添加图例以便于区别它们. 具体调用格式为:legend('标注 1', '标注 2',…). 标注 1,标注 2 等分别对应绘图过程中按绘制先后顺序所生成的曲线.

例 1 在一个坐标系中绘制正弦和余弦函数曲线并添加标题、坐标轴、曲线的名称.

解 编写程序代码如下:

```
t=0:0.1:10;y1= sin(t); y2=cos(t);
plot(t,y1,'r',t,y2,'b--');
title('正弦和余弦曲线');          %标题
legend('sin t','cos t')          %添加图例注解
xlabel('t')                      %x坐标名
ylabel('y')                      %y坐标名
grid on                          %添加网格,如图 2-7 所示
```

(3) 图形保持与子图.

① 图形保持.

在绘图过程中,经常会遇到需要在已存在的一张图中添加新的曲线的情况,这就要求保持已存在的图形,MATLAB 语言中实现该功能的函数是 hold,在 hold on 和 hold off 之间切换.

hold on:启动图形保持功能,此后绘制的图形将添加到当前图形窗口中,并自动调整坐标轴的范围. hold off:关闭图形保持功能,新绘制图形将覆盖原图形.

例 2 画出 $y=\sin x, y=\sin\left(x+\dfrac{\pi}{3}\right)+2, y=\cos x$ 的对比图.

解 对比图如图 2-8 所示,MATLAB 程序代码如下:

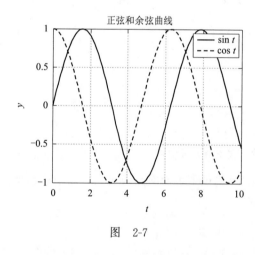

图 2-7

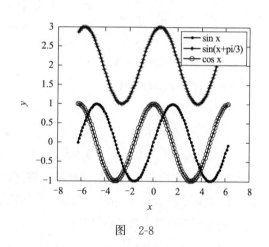

图 2-8

```
x=-2*pi:0.1:2*pi;
y1=sin(x); y2=sin(x+pi/3)+2; y3=cos(x);
plot(x,y1,'.-');
hold on                    %图形保持命令
plot(x,y2,'*-'); plot(x,y3,'-o');
legend('sin(x)','sin(x+pi/3)','cos(x)')
xlabel('x'),ylabel('y')
```

② 子图.

在绘图过程中,经常需要将几个图形在同一图形窗口中表示出来,但又不在同一个坐标系中绘制,此时要用到函数 subplot. 调用格式为 subplot(m,n,p),可将一个图形窗口分割成 $m \times n$ 个小窗口,可以通过参数 p 分别对若干子绘图区域进行操作,子绘图区域的编号为按行从左至右编

号. 如果 p 是一个向量,则创建一个坐标轴,包含所有罗列在 p 中的小窗口.

例3 分割窗口,分别画不同的曲线,如图 2-9 所示.

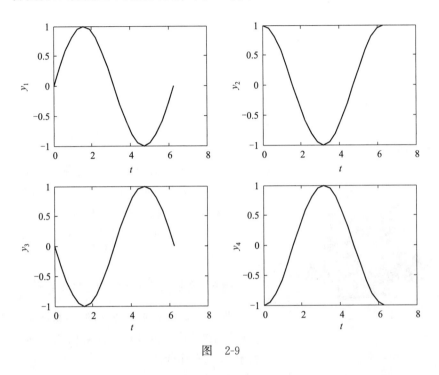

图 2-9

解 编码程序代码如下:

```
t=0:pi/10:2*pi;
y1=sin(t); y2=cos(t);
y3=cos(t+pi/2);y4=cos(t+pi);
%将图形窗口分割成两行两列,要画的图形为第1行第1列
  subplot(2,2,1);plot(t,y1);
%将图形窗口分割成两行两列,要画的图形为第1行第2列
  subplot(2,2,2);plot(t,y2);
%将图形窗口分割成两行两列,要画的图形为第2行第1列
  subplot(2,2,3); plot(t,y3);
%将图形窗口分割成两行两列,要画的图形为第2行第2列
  subplot(2,2,4);plot(t,y4);
```

在子图绘制过程中,axis,hold,title,xlabel,grid 等都可以只针对某个子图进行图形设置,而不会影响到其他子图.

2.5.2 三维图形

在实际工程计算中,最常用的三维绘图是三维曲线图、三维网格图和三维曲面图. MATLAB 提供了三个三维基本绘图命令:三维曲线命令 plot3、三维网格命令 mesh 和三维曲面命令 surf.

1. 三维曲线

plot3(x,y,z):通过描点连线画出曲线,这里 x,y,z 都是 n 维向量,分别表示该曲线上点的横坐标、纵坐标、竖坐标.

例 4 在区间 $[0,2\pi]$ 画出参数曲线 $x=\sin t, y=\cos t, z=t$.

解 编写程序代码如下:

```
t=0:pi/50:2*pi;
plot3(sin(t),cos(t),t)
xlabel('sin(t)'),ylabel('cos(t)'),zlabel('t')
```

2. 三维曲面

mesh(x,y,z):画网格曲面,这里 x,y,z 是三个同维数的数据矩阵,分别表示数据点的横坐标、纵坐标、竖坐标矩阵,或者 x,y,z 分别表示网格点的横坐标(行向量)、纵坐标(列向量)、竖坐标(矩阵).

surf(x,y,z):画三维曲面图格式同上,图形的颜色略有不同.

例 5 绘制二元函数的曲面图 $z=\dfrac{\sin(xy)}{xy}$.

解 以 x 和 y 的值建立网格,获取 xOy 平面网格节点的坐标矩阵,再计算空间点的竖坐标 z,如图 2-10 所示. 编写程序代码如下:

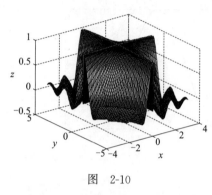

图 2-10

```
x=-3:0.1:3;y=-5:0.1:5;
[X2,Y2]=meshgrid(x,y);
Z2=sin(X2.*Y2)./(X2.*Y2+eps);
mesh(X2,Y2,Z2)    %或 surf(X2,Y2,Z2), surf(x,y,Z2)
```

3. 利用函数的符号表达式绘图

MATLAB 提供了一系列简易绘图函数,其功能与基本绘图函数基本相同,但使用极为简单. 一般只要在简易绘图函数的参数中指定所绘函数名即可,常见绘图函数如下:

ezplot(f):绘制表达式 $f(x)$ 的二维图形.

ezplot(f,[xmin,xmax]):使用输入参数来代替默认横坐标范围.

例 6 画出函数 $y=\tan x$ 的图形.

解 编写程序代码如下:

```
>> ezplot('tan(x)')
```

例 7 画出椭圆 $x^2+\dfrac{y^2}{4}=1$ 的图形.

解 编写程序代码如下:

```
>>ezplot('x^2+y^2/4=1',[-2,2])
```

ezplot3(x,y,z):绘制表达式 $x=x(t), y=y(t), z=z(t)$ 定义的三维曲线,自变量 t 的变化

范围为$[-2\pi,2\pi]$.

ezplot3(x,y,z,[tmin,tmax]):自变量 t 的变化范围可以指定.

例8 根据表达式 $x=\sin t, y=\cos t, z=t$,绘制三维曲线.

解 编写程序代码如下:

```
>>syms t
>>ezplot3(sin(t),cos(t),t,[0,6*pi])    %如图 2-11 所示
```

ezmesh(f):绘制由表达式 $f(x,y)$ 定义的网格图,自变量的取值范围$[-2\pi,2\pi]$.

ezmesh(f,[xmin,xmax,ymin,ymax],n):按 $n\times n$ 的网格密度绘图,默认为 60.

ezmesh(x,y,z,[smin,smax,tmin,tmax]):其中 x,y,z 是关于参数 s,t 的表达式.

ezsurf 函数格式同上.

例9 绘制函数 $f=x\mathrm{e}^{-x^2-y^2}$ 的图形.

解 编写程序代码如下:

```
>>syms x y
>>ezmesh(x*exp(-x^2-y^2),[-2.5,2.5])    %如图 2-12 所示
```

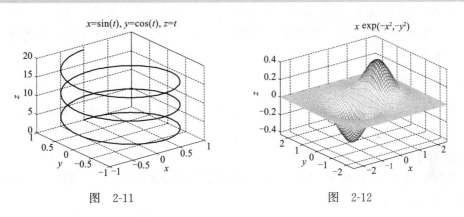

图 2-11   图 2-12

2.6 程序设计基础

当问题比较复杂时,程序代码行数会变多,这时在命令窗口输入就不方便了. 此时需要建立 MATLAB 程序的 M 文件,便于存储、编辑和运行程序代码. 命令行之间有一定的结构(如顺序结构、循环结构和条件结构等)用来控制语句的运行.

2.6.1 脚本文件与函数文件

若需要重复执行一系列命令或希望将其保存供以后引用,可将其存储在程序文件中. 程序文件包括脚本文件和函数文件.

(1)脚本文件. 其中包含一组命令,这些命令与在命令行中输入的命令完全相同,其集成文件以. m 为扩展名,称为 M 文件. 在 MATLAB 命令窗口输入此文件的文件名,MATLAB 会逐一执行此文件内的所有命令,和在命令窗口中逐行输入这些命令一样. 这样就解决了用户在命令窗口中运行许多命令的麻烦,使程序变得易于修改和编辑.

(2) 函数文件. 其应用十分广泛,对于一些复杂的函数,常常先编写函数 M 文件,然后在主程序中调用这个函数,使得主程序变得比较简洁. 函数文件执行之后,只保留最后结果,不保留中间过程,所定义的变量也仅在函数内部起作用,并随调用的结束而被清除. 函数 M 文件的第一行有特殊的要求,其形式必须是:

```
function [因变量列表]= 函数名(自变量列表)
```

注意：函数 M 文件的文件名必须与函数名相同,这样才能保证调用成功.

例 1 设 $f(x,y)=2x^2+3xy-5y^2$,求 $f(0,0),f(1,1),f(2,3)$.

解 新建一个函数文件：

```
function f=fun1(x,y)
f=2*x^2+3*x*y-5*y^2;
```

保存之后在当前目录下的文件夹里可以看到该文件 fun1.m,在 MATLAB 命令窗口中调用该函数计算函数值.

```
>>fun1(0,0),fun1(1,1), fun1(2,3)
```

运行结果为：$f(0,0)=0, f(1,1)=0, f(2,3)=-19$.

对于较复杂的问题,所写的程序较长且需要多次修改,故常写成脚本文件的形式,本书的例题常写成脚本文件.

2.6.2 流程控制语句

计算机程序通常都是从前到后逐条执行的. 但往往也需要根据实际情况,中途改变执行的次序,称为流程控制. 主要有条件语句和循环语句.

1. 条件语句

在程序中如果需要根据一定条件来执行不同的操作时就需要用到条件语句. MATLAB 中有两种条件语句:if 语句和 switch 语句.

(1) if 语句的一般形式是：

```
if 表达式
    语句 1
else
    语句 2
end
```

如果表达式为真,则执行语句 1,如果表达式为假,则执行语句 2.

if 语句有更简化的形式：

```
if 条件式
    语句
end
```

条件较多时可以在 else 子句中嵌套 if,形成 else if 结构,实现多路选择,此时应注意,if 和 else 必须对应,否则容易出错.

```
if 关系表达式 1
    语句 1
else if 关系表达式 2
    语句 2
...
else if 表达式 n
    语句 n
else
    语句 n+1
end
```

这种有多个选择的 if 语句,依次检查各表达式,只执行第一个表达式为真的语句,后面的表达式不检查,跳出 if 结构,而且最后的 else 可有可无.

例 2 设 $f(x)=\begin{cases} x^2+5 & x>0 \\ 6x+5 & -1<x\leqslant 0 \\ x & x\leqslant -1 \end{cases}$,求 $f(0),f(-0.5),f(-5)$.

解 先建立 M 文件 fun2.m 定义函数

```
function f=fun2(x)
if x>0
    f=x^2+5;
else if x<=-1
    f=x;
else
    f=6*x+5;
end
```

然后在 MATLAB 命令窗口中输入

```
>>fun2(1), fun2(-0.5), fun2(-5).
```

运行结果为:$f(0)=5,f(-0.5)=2,f(-5)=-5$.

2. switch 语句

switch 语句根据表达式的值来执行相应的语句,此语句与 C 语言中的选择语句具有相同的功能,它通常用于条件较多而且较单一的情况. 一般形式是:

```
switch 表达式
    case  value1
    语句 1
    case  value2
    语句 2
    ...
    otherwise
    语句 n
end
```

表达式是一个标量或者字符串,将表达式的值依次和各个 case 指令后的检测值进行比较,当比较结果为真时,MATLAB 执行后面的一组命令,然后跳出 switch 结构. 如果所有的结果都为假,则执行 otherwise 后的命令. 当然 otherwise 指令也可以不存在.

例 3 将百分制的学生成绩转换为五等级制的成绩输出,使用 switch 语句.

解 编写程序代码如下:

```
clear
n=input('输入 n=');
switch fix(n/10)
    case {10,9}
        r='A'
    case 8
        r='B'
    case 7
        r='C'
    case 6
        r='D'
    otherwise
        r='E'
end
```

运行时,输入 89,则结果为 B 级.

3. 循环语句

MATLAB 中有 for 循环和 while 循环两种语句用于有规律的重复计算.

(1) for 循环.

for 循环的最大特点是它的循环变量的取值是确定的,循环次数也是事先指定的. for 循环可以多重嵌套,循环语句一般写成锯齿形以增加可读性. for 循环语句的形式如下:

```
for index=values
    statements
end
```

其中,index 是循环变量;values 是循环变量的取值;statements 是每次循环执行的语句.

例 4 求 $\sum_{n=1}^{100} \frac{1}{n^2}$ 的值.

解 编写程序代码如下:

```
sum=0;
for n=1:100
    sum= sum+1/n^2;
end
sum
```

运行结果为 sum=1.635.

如果不用 for 循环语句,前面的程序可以由以下命令代替:

```
n=1:100;
f=1./n^2;
sum(f)
```

相比较而言,使用后一种方法编写程序比 for 循环语句快.

例5 设向量 $t=(-1,0,1,3,5)$,由此生成一个 5×5 的 Vandermonde(范德蒙)矩阵.

分析:范德蒙矩阵是线性代数中的一种特殊矩阵,每列都是一个等比数列.一个 n 阶范德蒙矩阵的第 i 行第 j 列的元素为 $a_{ij}=(t_j)^{i-1}$,$i=1,2,\cdots,n$,$j=1,2,\cdots,n$.在本例中 $n=5$.对一个实际问题必须先从数学上表达清楚,才能写出正确的程序.

解 编写程序代码如下:

```
a=[];
t=[-1 0 1 3 5];
for i=1:5
    for j=1:5
        a(i,j)=t(j)^(i-1);
    end
end
a
```

运行结果:

```
a=
    1    1    1    1    1
   -1    0    1    3    5
    1    0    1    9   25
   -1    0    1   27  125
    1    0    1   81  625
```

注意:在 for 循环中可以嵌套 for 循环,而且循环变量可以取指定值.

例6 求 1! +3! +6! +10! +15! 的值,编写脚本文件.

解 编写程序代码如下:

```
s=0;
for i=[1 3 6 10 15]
    jch=1;
    for j=1:i
        jch=jch*j;
    end
    s=s+jch;
end
s
```

求得结果为 1.3077×10^{12}.

(2) while 循环.

while 循环的一般形式是:

```
while expression
    statements
end
```

计算表达式 expression,并在该表达式为 true 时在一个循环中重复执行一组语句. 表达式的结果非空并且仅包含非零元素(逻辑值或实数值)时,该表达式为 true. 否则,表达式为 false.

与 for 循环固定循环次数不同, while 循环的次数是不固定的. 在 while 循环中,只要表达式的值为真,循环体就会被执行. 通常表达式给出的是一个标量值,也可以是数组或矩阵,如果是后者,则要求所有的元素必须为真. 另外, while 语句的循环条件可以是一个逻辑判断语句,因此,它的适用范围更广.

例 7 鸡兔同笼问题:鸡和兔子关在一个笼子里,已知共有头 36 个,脚 100 只,求笼内关了多少只兔子和多少只鸡?

解 经分析可知鸡的数量在 1~36 只,采用搜索的方法编写 M 文件如下:

```
clear
chicken=1;
while chicken<=36
    if rem(100-chicken*2, 4)==0&(chicken+(100-chicken*2)/4)==36
        break;
    end
    chicken=chicken+1;
end
chicken, rabbit=(100-2*chicken)/4
```

运行结果为 22 只鸡,14 只兔子.

2.6.3 程序设计的优化

为了便于 MATLAB 快速求解,在编程时注意以下几点:

(1)以矩阵作为操作主体. 在程序设计时,应当尽可能避免循环运算. 由于矩阵是 MATLAB 语言的核心,所以在 MATLAB 编程过程中应当强调对矩阵整体的运算,避免对矩阵元素的操作. 绝大多数循环运算是可以转化为向量运算的.

(2)数据的预定义. 如果操作中出现越界赋值时,系统将不得不对变量进行扩充,这样的操作大大降低了程序运行的效率,所以应当预先估计变量可能出现的最大维数. 比如在定义大矩阵时,首先用 zeros(10,20) 先对之进行定维,然后再进行赋值处理.

(3)优先考虑 MATLAB 提供的函数. 矩阵运算应该尽量采用 MATLAB 提供的函数,因为内在函数是由更底层的编程语言 C 构造的,其执行速度快于使用循环的矩阵运算.

扫一扫
供应商的选择

2.7 建模案例:生产企业原材料供应商的选择

案例: (2021 年全国大学生数学建模竞赛 C 题)某生产企业每周产能为 2.82 万 m³,每年按 48 周安排生产,需要根据产能要求确定原材料供货商和原材料订货量,并确定第三方物流公司进行转运,以提前制定 24 周的原材料订购和转运计划. 该企业所用原材料总体可分为 A、B、C 三种类型,每立方米产能消耗三种类型的原材料分别为 0.6 m³、0.66 m³、0.72 m³. 三类原材料采购单价不同但有一定关系,均独立用于生产,三类原材料运输和存储的单位费用相同,由于不能保证严格按订货量供货,该企业要尽可能保持不少于满足两周生产需求的原材料库存量,并对供应商实际提供的原材料总是全部收购的. 另外,每家转运商的运输能力为 6 000 m³/周,在实际转运过程中,原材料会有一定损耗,不同转运商产生的损耗程度不同,一家供应商每周供应的原材料尽量由一家转运商转运.

本案例相关素材中的附件 1 给出了该企业近 5 年 402 家原材料供货商每周的订货量和供货量数据;附件 2 给出了 8 家转运商近 5 年每周的运输损耗率数据.

下面解决赛题的问题 1:量化分析附件 1 中 402 家供货商的供货特征,建立反映保障企业生产重要性的数学模型,从而确定 50 家最重要的供货商.

问题分析:首先确定反映供货商的供货能力的特征指标,其次基于供货商的历史订货与供货数据对供货商的供货特征进行量化,然后建立反映保障企业生产重要性的模型,根据供货特征指标进行排序,在此基础上筛选出 50 家最重要的供货商. 模型建立与求解过程如下:

2.7.1 数据类型的转化

由于原材料种类不同,该企业每立方米产品需消耗 A 类原材料 0.6 m³,或 B 类原材料 0.66 m³,或 C 类原材料 0.72 m³. 如果要将三类原材料放在一起处理,需要进行数据类型的转化,三类原材料的单位产品消耗量转化率为

$$p_j = \begin{cases} \dfrac{1}{0.6} & \text{供应商 } j \text{ 为 A 类} \\ \dfrac{1}{0.66} & \text{供应商 } j \text{ 为 B 类} \\ \dfrac{1}{0.72} & \text{供应商 } j \text{ 为 C 类} \end{cases}$$

第 i 周第 j 个供应商的原材料订货量、供货量转化为产品消耗量,分别为 $d_{ij}, g_{ij}, j=1,2,\cdots,402$.

2.7.2 供应商的特征指标

1. 每次供货量的均值与占比

计算第 j 个供应商五年每次供货量的均值为

$$\mu_j = \frac{1}{n_j} \sum_{i=1}^{240} g_{ij}$$

式中,$n_j = \sum_{i=1}^{240} \text{sign}(d_{ij})$.

第 j 个供应商总供货量占所有供应商总供货量的比例为

$$G_j = \frac{\sum_{i=1}^{240} g_{ij}}{\sum_{i=1}^{240} \sum_{j=1}^{402} g_{ij}}, \quad j=1,2,\cdots,402$$

2. 供货率

第 i 周第 j 个供应商供货率（供货量占订货量的比例）为

$$f_{ij} = \begin{cases} \dfrac{g_{ij}}{d_{ij}} & d_{ij} > 0 \\ 0 & d_{ij} = 0 \end{cases}, \quad i = 1, 2, \cdots, 240; \; j = 1, 2, \cdots, 402$$

第 j 个供应商的总供货量占所有供应商总订货量的比例为

$$F_j = \dfrac{\sum\limits_{i=1}^{240} g_{ij}}{\sum\limits_{i=1}^{240}\sum\limits_{j=1}^{402} d_{ij}}, \quad j = 1, 2, \cdots, 402$$

3. 订单完成率

第 i 周第 j 个供应商订单的完成率

$$s_{ij} = \begin{cases} 1 & g_{ij} \geqslant d_{ij} > 0 \\ 0.5 & 0 < g_{ij} < d_{ij} \\ 0 & 0 = g_{ij} \leqslant d_{ij} \end{cases}, \quad i = 1, 2, \cdots, 240; \; j = 1, 2, \cdots, 402$$

第 j 个供应商五年完成订货量的次数占总订购次数的比例为

$$h_j = \dfrac{1}{n_j} \sum_{i=1}^{240} s_{ij}, \quad j = 1, 2, \cdots, 402$$

利用以上数据求出第 j 个供应商过去五年总完成率

$$H_j = G_j \cdot h_j = \dfrac{G_j}{n_j} \sum_{i=1}^{240} s_{ij}, \quad j = 1, 2, \cdots, 402$$

4. 供货稳定性

第 j 个供应商的供货稳定性指标为标准差

$$\sigma_j = \sqrt{\dfrac{1}{n_j} \sum_{\substack{i=1 \\ (d_{ij} > 0)}}^{240} (g_{ij} - \mu_j)^2}$$

5. 供货连续性

第 j 个供应商的供货连续性指标

$$\sigma_j = \sum_{i=1}^{240} [1 - \mathrm{sign}(g_{ij})], \quad j = 1, 2, \cdots, 402$$

2.7.3 供应商的三个综合指标

评价供应商的综合指标主要包括以下三方面:.

(1) 每次供货量均值

每次供货量均值是反映了供应商的实际供货量大小的指标, 不同供应商的数值差异很大, 可以作为一项综合指标.

(2) 订货完成率和供货率综合指标

订货完成率与供货率都是反映订单完成情况的指标, 既不相同, 又非独立. 令

$$F_j' = 1 + \dfrac{F_j - \min\limits_{1 \leqslant j \leqslant 402} F_j}{\max\limits_{1 \leqslant j \leqslant 402} F_j - \min\limits_{1 \leqslant j \leqslant 402} F_j}$$

$$H'_j = 1 + \frac{H_j - \min_{1 \leq j \leq 402} H_j}{\max_{1 \leq j \leq 402} H_j - \min_{1 \leq j \leq 402} H_j}, \quad j=1,2,\cdots,402$$

然后再融合为综合指标为：

$$\text{FH}_j = \sqrt{F'_j \cdot H'_j}, \quad j=1,2,\cdots,402$$

(3) 供货稳定性和连续性综合指标

供货稳定性反映供货量的平稳性,而供货连续性反映供货次数的多少和连贯性,二者有共同的特性,但完全不同,二者是独立的. 令

$$\sigma'_j = \frac{\max_{1 \leq j \leq 402} \sigma_j - \sigma_j}{\max_{1 \leq j \leq 402} \sigma_j - \min_{1 \leq j \leq 402} \sigma_j}$$

$$O'_j = \frac{\max_{1 \leq j \leq 402} o_j - o_j}{\max_{1 \leq j \leq 402} o_j - \min_{1 \leq j \leq 402} o_j}, \quad j=1,2,\cdots,402$$

把二者融合为综合指标为：

$$K_j = \sigma'_j + o'_j, \quad j=1,2,\cdots,402$$

2.7.4 确定最重要的供应商

按三项综合指标对 402 家供应商分别从优到劣的排序,得到第 j 个供应商的三个名次 $s_1(\mu_j), s_2(\text{FH}_j)$ 和 $s_3(K_j), j=1,2,\cdots,402$. 求第 j 个供应商的三个名次之和

$$S_j = s_1(\mu_j) + s_2(\text{FH}_j) + s_3(K_j)$$

按 S_j 从小到大排序,S_j 值最小的供应商即为最重要的供应商. 对于 S_j 值相同的供应商,再按照 S_j、μ_j、FH_j、K_j 优先级由高到低进行排序,得到 402 家供应商的排序结果,从中选出前 50 家最重要的供应商.

表 2-6 50 家最重要的供应商

综合排序	供应商编号	供应量均值	指标 FH	指标 K	综合排序	供应商编号	供应量均值	指标 FH	指标 K
1	229	2 464.49	2.000	1.898	15	151	1 125.57	1.460	1.669
2	361	1 898.61	1.748	1.927	16	330	862.70	1.348	1.867
3	275	1 101.06	1.446	1.975	17	31	260.15	1.106	1.994
4	329	1 086.93	1.444	1.974	18	352	618.27	1.249	1.969
5	282	1 175.97	1.483	1.916	19	143	574.91	1.233	1.940
6	340	1 082.23	1.439	1.968	20	365	240.92	1.098	1.988
7	131	868.13	1.353	1.971	21	284	269.66	1.112	1.971
8	268	751.08	1.310	1.987	22	346	146.72	1.060	1.997
9	108	1 521.15	1.626	1.757	23	40	201.42	1.080	1.985
10	306	729.72	1.297	1.979	24	364	181.58	1.075	1.980
11	194	586.60	1.240	1.989	25	367	166.26	1.067	1.987
12	247	328.11	1.135	1.994	26	294	109.04	1.044	1.998
13	308	864.89	1.352	1.892	27	80	111.33	1.045	1.990
14	356	754.09	1.306	1.936	28	244	94.94	1.038	1.994

续上表

综合排序	供应商编号	供应量均值	指标 FH	指标 K	综合排序	供应商编号	供应量均值	指标 FH	指标 K
29	55	151.77	1.062	1.962	40	37	437.25	1.111	1.514
30	374	284.86	1.110	1.674	41	3	91.69	1.030	1.781
31	218	89.60	1.036	1.994	42	291	59.94	1.023	1.889
32	338	223.63	1.077	1.758	43	74	99.05	1.028	1.679
33	139	1 027.2	1.399	1.492	44	307	757.71	1.189	1.335
34	266	45.27	1.019	1.999	45	314	9.87	1.004	1.978
35	7	48.25	1.019	1.994	46	189	93.21	1.024	1.622
36	123	44.78	1.018	1.998	47	129	10.43	1.003	1.796
37	86	119.28	1.041	1.810	48	210	156.81	1.032	1.452
38	114	78.87	1.031	1.924	49	348	774.05	1.258	1.180
39	150	12.54	1.005	1.992	50	23	14.16	1.003	1.548

2.7.5 问题1的程序代码

```
clear
[D,class]=xlsread('附件1近5年402家供应商的相关数据.xlsx','企业的订货量(m³)','B2:IH403');
G=xlsread('附件1近5年402家供应商的相关数据.xlsx','供应商的供货量(m³)','C2:IH403');
cl=[];                      %单位材料转换成产品量
for i=1:402
    if class{i}(1)=='A'
        cl(i)=1/0.6;
    else if class{i}(1)=='B'
        cl(i)=1/0.66;
    else
        cl(i)=1/0.72;
    end
    d(i,:)=D(i,:)*cl(i);g(i,:)=G(i,:)*cl(i);
end
g_j=sum(g,2);M=sum(g_j);    %总供货量
G_j=g_j/M;                  %供应商供货量占比
%n=[];miu=[];               %供应商的订货周数和平均供货量
for j=1:402
    n(j)=sum(sign(d(j,:)));
end
n=n';miu=g_j./n;
%供货率
for j=1:402
```

```matlab
        for i=1:240
            if d(j,i)> 0
                f(j,i)=g(j,i)/d(j,i);
            else
                f(j,i)=0;
            end
        end
end
F=g_j/sum(sum(d));          %供应商的供货量占企业总订货量的比例
%供应商的订单完成率
for j=1:402
    for i=1:240
        if d(j,i)> 0&g(j,i)> d(j,i)
            S(j,i)=1;
        elseif g(j,i)> 0&g(j,i)< d(j,i)
            S(j,i)=0.5;
        else
            S(j,i)=0;
        end
    end
end
h=sum(S,2)./n;
H=G_j.*h;%供应商五年的总完成率
%稳定性和连续性
for j=1:402
    pcha=0;
    for i=1:240
        if d(j,i)> 0
            pcha=pcha+ (g(j,i)-miu(j))^2;
        end
    end
    delta(j)=sqrt(pcha/n(j));
    O(j)= sum(1-sign(g(j,:)));
end
delta=delta';O=O';
%订单完成情况的综合指标 FH
F1=1+(F-min(F))./(max(F)-min(F));
H1=1+(H-min(H))./(max(H)-min(H));
FH=sqrt(F1.*H1);
%供货稳定性与连续性的综合指标
delta1=(max(delta)-delta)./(max(delta)-min(delta));
O1=(max(O)-O)./(max(O)-min(O));
K=delta1+ O1;
```

```
%根据三个指标miu,FH,K排序及总排序
[B1,I1]=sort(miu,'descend');
[B2,I2]=sort(FH,'descend');
[B3,I3]=sort(K,'descend');
%每个供应商的排序从优到劣
for i= 1:402
   xv1(I1(i))=i;
   xv2(I2(i))=i;
   xv3(I3(i))=i;
end
xv=xv1+xv2+xv3;
jieguo=[[1:402]',miu,FH,K,xv'];
%在excel中对xv从小到大排序,第一个为最优的供应商
xlswrite('问题1的供应商综合指标',jieguo)
save wt1.mat g n miu d %保存数据用于问题2.
```

拓 展 资 源

北太天元数值计算通用软件

北太天元是面向科学计算与工程计算的国产通用型科学计算软件。本软件具有自主知识产权,提供科学计算、可视化、交互式程序设计,具备丰富的底层数学函数库,支持数值计算、数据分析、数据可视化、数据优化、算法开发等工作,并通过SDK与API接口,扩展支持各类学科与行业场景,为各领域科学家与工程师提供优质、可靠的科学计算环境。

北太天元数值计算通用软件支持初等数学、线性代数、随机数生成、优化、曲线拟合、插值、快速傅里叶变换、符号计算、微分方程、数值积分等功能。提供的图形函数包括二维绘图函数和三维绘图函数,以可视化的形式来呈现数据的结果,以交互式或编程式的方式自定义绘图页面。现已支持部分当前主流操作系统(如Windows、Linux、Mac等)和国产操作系统(如Deepin、统信UOS),且即将推出麒麟操作系统版本。本软件可支持不同操作系统下文件编码格式的适配,对中文适配程度更高,可实现对中文路径,中文变量,中文字符的支持,且已支持常见数据格式CSV、XLSX、文本文件等,并兼容M脚本文件。目前正在和高校和企业通过合作形式进行国产化替换。

习 题

1. 已知 $x=23.45, y=18.64$,求 $e^{0.2x}+10\ln(x^2+y^2)$ 的值.

2. 求极限 $\lim\limits_{x\to 0}\dfrac{3\sin x+x^2}{\ln(1+x)}$.

3. 对于函数 $f(x,y)=x^2+\sin(xy)+2y$,建立函数文件,然后输出函数值 $f(1,2)$.

4. 解方程组 $\begin{cases} 3x_1-2x_2=20 \\ 5\sin x_1+2\ln x_2=7 \end{cases}$.

5. 求和 $\sum_{k=1}^{100}\sin\dfrac{k\pi}{3}$.

6. 建立函数文件 $f(x)=\begin{cases}e^x+3x^2 & x>1\\ 2\sin x & x\leqslant 1\end{cases}$, 求 $f(2),f(-1)$.

7. 建立函数文件 $f(n)=2+4+6+\cdots+2n$ 并求 $f(526)$.

8. 设 $f(x)=\begin{cases}x^2+1 & x>1\\ 2x & 0<x\leqslant 1\\ x^5 & x\leqslant 0\end{cases}$, 求 $f(2),f(0.5),f(-1)$.

9. 已知矩阵 $\boldsymbol{A}=\begin{bmatrix}1 & 1 & 1\\ 2 & 3 & 3\\ 3 & 4 & 5\end{bmatrix}$, $\boldsymbol{b}=\begin{pmatrix}2\\ -1\\ 3\end{pmatrix}$, 解矩阵方程 $\boldsymbol{Ax}=\boldsymbol{b}$.

10. 解方程 $3x^4-2x^3+7x=18$.

11. 对于 $[0.2,10]$ 内的不同 a 值, 绘制下面方程的平面曲线, 观察参数 a 对其形状的影响.
$$\dfrac{x^2}{a^2}+\dfrac{y^2}{25-a^2}=1.$$

12. 函数 $y=e^{-at}$, t 的变化范围为 $[0,10]$, $a=0.1,0.2,0.5$, 用不同的线型和标记点画出函数的曲线.

13. 在同一个坐标系中画出 $y=2\sin x$, $y=\sin\left(2x+\dfrac{\pi}{3}\right)$ 的图形.

14. 绘制二元函数的曲面图,
$$z=\dfrac{\sin(\sqrt{x^2+y^2})}{\sqrt{x^2+y^2}},\quad -7.5\leqslant x\leqslant 7.5; -7.5\leqslant y\leqslant 7.5$$

15. 寻找 100 内的勾股数, 如 $3^2+4^2=5^2$.

16. 编写程序, 打印出 1 000 以内的所有完数(一个数如果恰好等于它的因子之和, 这个数就称为"完数", 例如 $6=1+2+3$).

17. 设银行年利率为 4.25%, 将 10 000 元存入银行, 问多长时间会连本带利翻一番?

第 3 章

插值与拟合

在大量应用领域中,人们需要通过实验或测量所得到的一批离散数据去寻找某个近似函数或确定某一类已知函数的参数,然后再去计算其他点处的函数值,数据越多得到的函数就越准确. 对这个问题有插值法和数据拟合法两种.

如果要求这个近似函数(曲线或曲面)必须经过已知的所有数据点,则称此类问题为插值问题. 在插值法里,数据假定是正确的,当所给的数据较多时,用插值方法所得到的插值函数会很复杂. 插值函数是分段函数,而且只能在已知数据点的内部插值. 但是数据一般都是由观测或试验得到的,往往会带有一定的随机误差,因此,要求近似函数通过所有的数据点也是不必要的. 人们设法找出某条能最佳地拟合数据点的光滑曲线,使数据点与曲线的偏差最小,但不必经过任何数据点,解决这类问题的方法称为数据拟合法. 拟合得到一个函数,其自变量可以超出已知数据的范围,可以用来解决预测问题等. 这两种方法的结果如图 3-1 所示. 标有'o'的是数据点;连接数据点的实线描绘了线性插值,虚线是数据的最佳拟合曲线.

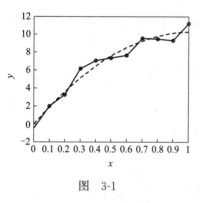

图 3-1

3.1 插 值 法

插值问题的一般提法:已知一组观测(或试验)数据 $(x_i, y_i)(i=0,1,2,\cdots,n)$,要寻求一个函数 $\varphi(x)$,使 $\varphi(x_i)=y_i(i=0,1,2,\cdots,n)$,则称此问题为插值问题,并称函数 $\varphi(x)$ 为插值函数,$x_0, x_1, \cdots, x_n$ 称为插值节点,$\varphi(x_i)=y_i(i=0,1,2,\cdots,n)$ 称为插值条件. 一元函数的插值概念可以完全类似地推广到二元函数上,只是插值节点的形式更复杂一些. 以下只介绍常用的几种方法.

3.1.1 一维插值

1. 分段线性插值

将每两个相邻的节点用线段连接起来形成的一条折线就是分段线性插值函数,记作 $I_n(x)$,它满足 $I_n(x_i)=y_i$,且 $I_n(x)$ 在每个小区间 $[x_i, x_{i+1}](i=0,1,\cdots,n-1)$ 上满足

$$I_n(x) = \sum_{i=0}^{n} y_i l_i(x),$$

其中 $l_i(x) = \dfrac{x-x_{i+1}}{x_i-x_{i+1}}, x \in [x_i, x_{i+1}]; i = 0, 1, \cdots, n-1.$

$I_n(x)$ 有良好的收敛性,即数据点的个数越多,$I_n(x)$ 就越能精确地反映 x,y 的函数关系. 用 $I_n(x)$ 计算 x 点的插值时, 只用到 x 左右的两个节点, 计算量与节点个数 n 无关. 但 n 越大, 分段越多, 插值误差越小. 实际上用函数表作插值计算时, 分段线性插值就足够了, 如数学、物理中用的特殊函数表, 数理统计中用的概率分布表等.

2. 样条插值

许多工程技术中提出的计算问题对插值函数的光滑性有较高要求,如飞机的机翼外形,内燃机的进、排气门的凸轮曲线,都要求曲线具有较高的光滑程度,不仅要连续,而且要有连续的导数,这就引出了样条插值的概念.

所谓样条(spline),本来是工程设计中使用的一种绘图工具,它是富有弹性的细木条或细金属条. 绘图员利用它把一些已知点连接成一条光滑曲线(称为样条曲线),并使连接点处有连续的曲率,例如,三次样条插值曲线如图 3-2 所示. 数学上将具有一定光滑性的分段多项式称为样条函数.

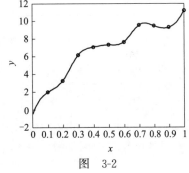

图 3-2

三次样条插值:对于给定 $n+1$ 个不同节点 $x_0, x_1, \cdots, x_n$ 及函数值 $y_0, y_1, \cdots, y_n$, 其中 $a = x_0 < x_1 < \cdots < x_n = b$, 构造三次样条插值函数 $S(x)$, 满足以下条件: $S(x)$ 在 $[a,b]$ 上的二阶导数连续; $S(x_k) = y_k (k=0,1,\cdots,n)$; 每个子区间 $[x_k, x_{k+1}]$ 上 $S(x)$ 是三次多项式 $(k=0,1,\cdots,n-1)$.

3. 用 MATLAB 实现一维插值

对于一维插值问题, MATLAB 给出了一维插值函数 interp1, 其格式如下:

```
y=interp1(x0,y0,x,'method')
```

其中, x0, y0 是已知数据点, x 是要插值的点, method 指插值的方法, 默认为线性插值. 其值可为: 'nearest'最近项插值; 'linear'线性插值; 'spline'三次样条插值; 'cubic'立方插值. 所有的插值方法要求 x0 是单调的.

MATLAB 中三次样条插值也有其他的函数:

```
y=spline(x0,y0,x)
pp=csape(x0,y0,conds)
y=ppval(pp,x)
```

其中, x0, y0 是已知数据点, x 是插值点, y 是插值点的函数值, conds 指定插值的边界条件, 默认的边界条件为 Lagrange 边界条件. csape 的返回值是 pp 形式(包含样条函数的信息), 若要求插值点的函数值, 必须再调用函数 ppval.

若要求三次样条插值函数表达式, 我们提倡使用函数 csape.

例 1 在 $1 \sim 12 \text{ h}$ 的 11 h 内, 每隔 1 h 测量一次温度, 测得的温度依次为: 5, 8, 9, 15, 25, 29,

31,30,22,25,27,24(单位为℃).试估计每隔 1/10 h 的温度值.

解 编写程序代码如下：

```
hours=1:12;
temps=[5 8 9 15 25 29 31 30 22 25 27 24];
h=1:0.1:12;
t=interp1(hours, temps, h, 'spline');
plot(hours, temps, 'kp', h, t, 'b')     % 如图 3-3 所示
```

例 2 已知飞机下轮廓线上测量点的数据见表 3-1，求 x 每改变 0.1 时的 y 值，并画出曲线.

表 3-1

x	0	3	5	7	9	11	12	13	14	15
y	0	1.2	1.7	2.0	2.1	2.0	1.8	1.2	1.0	1.6

解 用三次样条插值方法绘制轮廓线，如图 3-4 所示. 编写程序代码如下：

```
x0=[0 3 5 7 9 11 12 13 14 15];
y0=[0 1.2 1.7 2.0 2.1 2.0 1.8 1.2 1.0 1.6];
x=0:0.1:15;
y1=interp1(x0,y0,x,'spline');
plot(x0,y0,'kp',x,y1,'b')
```

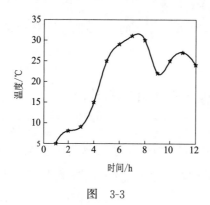

图 3-3

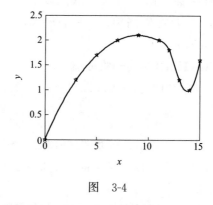

图 3-4

例 3 已知速度函数 $v(t)$ 线条上四个点的数据 $(0.15, 3.5), (0.16, 1.5), (0.17, 2.5),$ $(0.18, 2.8)$，近似计算积分 $s = \int_{0.15}^{0.18} v(t) dt$.

解 先得到插值函数再进行数值积分，编写程序代码如下：

```
x0=0.15:0.01:0.18;
y0=[3.5  1.5  2.5  2.8];
pp=csape(x0,y0);
xishu=pp.coefs                 % 显示每个区间上三次多项式的系数
s=quad(@(t)ppval(pp,t),0.15,0.18)
```

求出三次样条函数为

$$v(t) = \begin{cases} -616\,666.7(t-0.15)^3 + 33\,500(t-0.15)^2 - 473.33(t-0.15) + 3.5 & x \in [0.15, 0.16) \\ -616\,666.7(t-0.16)^3 + 15\,000(t-0.16)^2 - 11.67(t-0.16) + 1.5 & x \in [0.16, 0.17) \\ -616\,666.7(t-0.17)^3 - 3\,500(t-0.16)^2 - 126.67(t-0.17) + 2.5 & x \in [0.17, 0.18] \end{cases}$$

$$s = \int_{0.15}^{0.18} v(t)\,dt = 0.068\,6$$

3.1.2 二维插值

二维插值的任务是：在网格状矩形区域 $\Omega = [x_1, x_m] \times [y_1, y_n]$ 上，或者在 Ω 的分片子域 Ω_{ij} 上，构造二元多项式 $z = p(x, y)$ 去逼近由点列 (x_0, y_0, z_0) 所蕴含的理想函数 $z = f(x, y)$，或者构造多项式曲面去逼近理想曲面 $z = f(x, y)$。二元多项式 $z = p(x, y)$ 通常不超过三次的多项式。

1. 插值节点为网格节点

矩形区域 Ω 上的点 (x_0, y_0) 必须是有序的网格节点，即要求行向量 $\mathbf{x}_0 = (x_1, x_2, \cdots, x_m)$ 与列向量 $\mathbf{y}_0 = (y_1, y_2, \cdots, y_n)^\mathrm{T}$ 的分量必须是单调的(单调增大，或者单调减小，即是可以排序的)，在前面的一元函数的插值中，插值点的要求也是这样的。MATLAB 计算二维插值的命令为

```
z=interp2(x0,y0,z0,x,y,'method')
```

插值方式 method 有四种：最近邻方式插值 nearest，线性插值 linear，三次样条插值 spline，立方插值 cubic。其中 x0,y0 分别表示网格的横坐标 m 维行向量、纵坐标的 n 维列向量，z0 是相应的 n 行 m 列矩阵，而 x,y 分别是要插值的新网格节点的横坐标行向量、纵坐标列向量。

例 4 测得平板表面 3×5 网格点处温度如下，作出平板表面温度分布曲面。

$$\begin{matrix} 82 & 81 & 80 & 82 & 84 \\ 79 & 63 & 61 & 65 & 81 \\ 84 & 84 & 82 & 85 & 86 \end{matrix}$$

先在三维坐标画出原始数据，绘制温度分布曲面，代码如下：

```
x=1:5;
y=1:3;
temps=[82 81 80 82 84;79 63 61 65 81;84 84 82 85 86];
mesh(x,y,temps)   % 画出粗糙的温度分布曲面如图 3-5(a)所示
```

下面建立新网格，插值后再绘图，代码如下：

```
xi=1:0.2:5;
yi=1:0.1:3;
zi=interp2(x,y',temps, xi, yi','cubic');
mesh(xi,yi, zi)
```

画出插值后的温度分布曲面如图 3-5(b)所示。

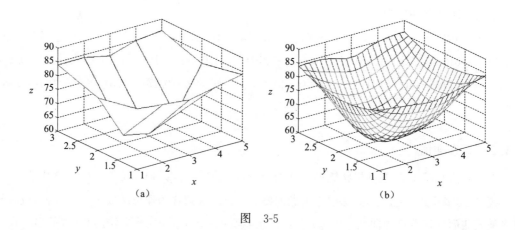

图 3-5

x_0, y_0, z_0 也可以是所有已知网格点的横坐标、纵坐标、竖坐标矩阵, x, y 是新建网格节点的横坐标、纵坐标矩阵.

例 5 用不同方法绘制二元高斯分布的概率密度 peaks 函数的图形.

解 编写程序代码如下：

```
[x,y]=meshgrid(-3:1:3);
z=peaks(x,y);
surf(x,y,z)
[xi,yi]=meshgrid(-3:0.25:3);    % 产生更密的新网格,xi 和 yi 是矩阵
zi1=interp2(x,y,z,xi,yi,'nearest'); surf(xi,yi,zi1)
zi2=interp2(x,y,z,xi,yi,'linear'); surf(xi,yi,zi2)
zi3=interp2(x,y,z,xi,yi,'cubic'); surf(xi,yi,zi3)
contour(xi,yi,zi3)              % 绘制等高线
```

图形如图 3-6 所示.

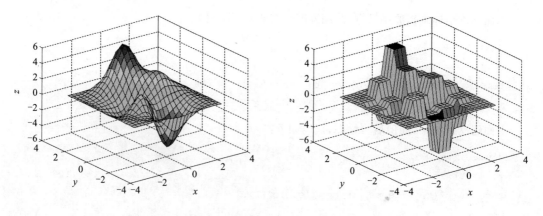

图 3-6

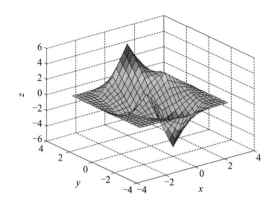 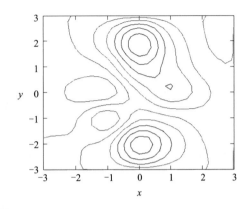

图 3-6(续)

2. 插值节点为散乱节点的插值

如果插值结点不是网格节点,而是散乱的一些点,在这些点内部的一个矩形区域上建立网格,也可以对二元函数 $z=f(x,y)$ 进行插值.

针对二元散乱点的插值函数 griddata 的基本格式为:

```
z=griddata (x0,y0,z0,x,y,'method')
```

其中 x0、y0 z0 分别是所给数据点的横坐标、纵坐标和竖坐标向量;而 x,y 是要插值的网格点的横坐标和纵坐标矩阵或横坐标向量、纵坐标向量;z 返回在网格(x,y)处的函数值矩阵. 'method'为可选插值方法:'nearest'为最近临点插值,'linear'为线性插值,'cubic'为三次插值,'v4'是 MATLAB 提供的插值方法,对于散乱点插值效果更好.

例 6 在某海域测得一些测量点处的水深见表 3-2,在矩形区域(75,200)×(−50,150)内画出海底曲面的图形.

表 3-2

x	129	140	103.5	88	185.5	195	105.5
y	7.5	141.5	23	147	22.5	137.5	85.5
z	4	8	6	8	6	8	8
x	157.5	107.5	77	81	162	162	117.5
y	−6.5	−81	3	56.5	−66	84	−33.5
z	9	9	8	8	9	4	9

解 编写程序代码如下:

```
x0=[129 140 103.5 88 185.5 195 105.5 157.5 107.5 77 81 162 162 117.5];
y0=[7.5 141.5 5.23 147 22.5 137.5 85.5 -6.5 -81 3 56.5 -66 84 -33.5];
z0=[-4 -8 -6 -8 -6 -8 -8 -9 -9 -8 -8 -9 -4 -9];
[x,y]=meshgrid (75:0.5:200, -50:0.8:150);
z=griddata(x0,y0,z0, x, y, 'v4');
mesh(x,y,z)      %如图 3-7 所示
```

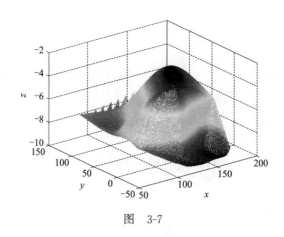

图 3-7

3.2 数据拟合

数据拟合问题:已知一组数据,即平面上的 n 个点 $(x_i,y_i)(i=1,2,\cdots,n)$ 且 x_i 互不相同,寻求一个函数(曲线)$y=f(x)$,使函数曲线在某种准则下与所有数据点最为接近.从几何意义上直观理解,就是求一条曲线,使得曲线与所有数据点最接近,即曲线拟合得最好.因此此类问题也称为曲线拟合.

曲线拟合涉及回答两个基本问题:(1)函数的类别,利用数据绘制散点图直观判断或者参考问题的性质以及有关理论进行判别,常见函数有多项式函数、反比例函数、指数类函数、对数函数等;(2)求函数中的参数.常用的拟合原则是使得函数曲线与已知数据点的误差平方和最小,称为最小二乘曲线拟合.当不能确定函数的类别时,选取几种函数分别拟合,然后选取误差平方和最小的函数.

插值与拟合的相同之处是已知数据点寻求近似函数.不同之处是:插值曲线必须通过所有数据点,拟合曲线不必通过所有数据点;插值函数是分段函数,而拟合函数是一个简单的函数表达式;当数据精确,需要求内部的函数值时采用插值方法;当数据不一定精确、要求一个简单的函数式且函数种类确定时采用拟合方法.

数据拟合的方法与步骤:

(1) 确定拟合函数的类型.

确定拟合函数类型的方法:根据已知数据点的散点图,直观确定函数的类型;利用机理分析、数学推导建立数学模型来确定函数类型;借助其他学科的有关理论确定函数类型.

(2)拟合的基本准则:要使数据点与拟合曲线的总偏差最小,最常用的方法是最小二乘法.最小二乘法是一种数学优化技术,它通过最小化误差的平方和来寻找数据的最佳拟合函数.

$$\min_a \sum_{i=1}^{n}[y_i-f(a,x_i)]^2$$

上式称为最小二乘偏差平方和,也称残差平方和,它的大小是衡量模型好坏的重要依据.可以利用多元函数的极值原理求解未知参数.

(3)拟合效果的检验.

绘制拟合效果图,画出数据点和拟合曲线,直观展示拟合效果,或计算偏差平方和.

3.2.1 多项式拟合

作多项式 $f(x)=a_m x^m+\cdots+a_1 x+a_0$ 拟合的 MATLAB 命令为

```
a=polyfit(x0,y0,m)
```

其中,输入为已知数据向量 $\boldsymbol{x}_0=(x_1,x_2,\cdots,x_n)$,$\boldsymbol{y}_0=(y_1,y_2,\cdots,y_n)$ 及拟合多项式次数 m;输出为拟合多项式系数 $a=(a_m,a_{m+1},\cdots,a_0)$. 求多项式在 x 处的函数值 y 可用以下命令计算:

```
y=polyval(a,x)
```

例 1 对表 3-3 中实验数据做二次多项式拟合.

表 3-3

x	0	0.1	0.2	0.3	0.4	0.5	0.6	0.7	0.8	0.9	1
y	−0.447	1.978	3.28	6.16	7.08	7.34	7.66	9.56	9.48	9.30	11.2

解 求二次多项式 $f(x)=a_1 x^2+a_2 x+a_3$ 中的系数,使得 $\sum\limits_{i=1}^{11}[f(x_i)-y_i]^2$ 最小.
计算结果为
$$f(x)=-9.8108x^2+20.1293x-0.0317$$

曲线如图 3-8 所示,代码如下:

```
x=0:0.1:1;
y=[-0.447 1.978 3.28 6.16 7.08 7.34 7.66 9.56 9.48 9.30 11.2];
A=polyfit(x,y,2);
z=polyval(A,x);
plot(x,y,'k+',x,z,'r');
```

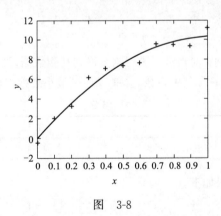

图 3-8

3.2.2 线性最小二乘拟合

线性最小二乘法是解决曲线拟合最常用的方法,假设未知函数的形式为
$$f(x)=a_1 r_1(x)+a_2 r_2(x)+\cdots+a_m r_m(x)$$
其中,$r_k(x)$ 是一组线性无关的函数;a_k 是待定系数,$k=1,2,\cdots,m$,$m<n$. 拟合准则是使 y_i ($i=1,2,\cdots,n$) 与 $f(x_i)$ 的距离的平方和最小,称为最小二乘准则,即

$$\min J(a_1,a_2,\cdots,a_m) = \sum_{i=1}^{n}[f(x_i)-y_i]^2 = \sum_{i=1}^{n}[a_1r_1(x_i)+\cdots+a_mr_m(x_i)-y_i]^2 = \|\boldsymbol{Ra}-\boldsymbol{y}\|_2^2$$

其中

$$\boldsymbol{R}=\begin{bmatrix}r_1(x_1)&\cdots&r_m(x_1)\\ \vdots & & \vdots \\ r_1(x_n)&\cdots&r_m(x_n)\end{bmatrix}, \quad \boldsymbol{a}=(a_1,a_2,\cdots,a_m)^{\mathrm{T}}, \quad \boldsymbol{y}=(y_1,y_2,\cdots,y_n)^{\mathrm{T}}.$$

上面目标函数的最小值问题可以转化为方程组的最小二乘解.

将数据代入函数 $f(x)=a_1r_1(x)+a_2r_2(x)+\cdots+a_mr_m(x)$,得到方程组

$$a_1r_1(x_i)+a_2r_2(x_i)+\cdots+a_mr_m(x_i)=y_i, \quad i=1,2,\cdots,n.$$

即 $\boldsymbol{Ra}=\boldsymbol{y}$,实际上由于数据点并不一定在函数曲线上,等号不一定成立. 而且方程的个数多于未知数的个数,方程组是超定方程组,严格意义上是无解的. 我们只能求其最小二乘解,MATLAB的求解命令为 A=R\Y.

例2 用最小二乘法求一个形如 $y=a+bx^2$ 的经验公式,使其与表 3-4 所示的数据拟合.

表 3-4

x	19	25	31	38	44
y	19.0	32.3	49.0	73.3	97.8

解 编写程序代码如下:

```
x0=[19 25 31 38 44]';
y0=[19.0 32.3 49.0 73.3 97.8]';
R=[ones(5,1),x0.^2];
A=R\y
x=19:0.1:44;
y=A(1)+ A(2)*x.^2;
plot(x0,y0,'o',x,y,'r')    %如图 3-9 所示
```

例3 在多个不同的时间 t 对数量 y 进行测量得到观测数据,见表 3-5. 使用指数衰减函数对数据进行拟合, $y(t)=c_1+c_2\mathrm{e}^{-t}$. 其中系数 c_1 和 c_2 通过最小二乘拟合来计算.

表 3-5

t	0	0.3	0.8	1.1	1.6	2.3
y	0.82	0.72	0.63	0.60	0.55	0.50

解 MATLAB 程序代码如下:

```
t=[0 .3 .8 1.1 1.6 2.3]';
y=[.82 .72 .63 .60 .55 .50]';
E=[ones(size(t)) exp(-t)]
c=E\y
c=
    0.4760
    0.3413
```

也就是说，对数据的最小二乘拟合为 $y(t)=0.4760+0.3413\mathrm{e}^{-t}$.
以下语句按固定间隔的 t 增量为模型求值：

```
T=(0:0.1:2.5)';
Y=[ones(size(T)) exp(-T)]*c;
plot(T,Y,'-',t,y,'o')
```

然后与原始数据一起绘图，如图 3-10 所示.

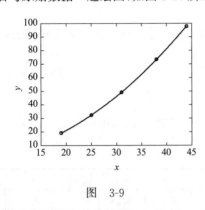

图 3-9

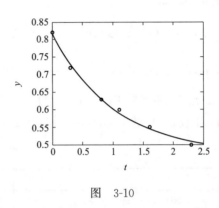

图 3-10

3.2.3 非线性最小二乘拟合

MATLAB 的优化工具箱中提供了两个求非线性最小二乘拟合的函数：lsqcurvefit 和 lsqnonlin. 使用这两个命令时，都要先建立 M 文件 fun.m，在其中定义函数 $f(x)$，但是它们定义 $f(x)$ 的方式是不同的.

1. lsqcurvefit 函数

设已知数据 $x\mathrm{data}=(x\mathrm{data}_1,x\mathrm{data}_2,\cdots,x\mathrm{data}_n)$，$y\mathrm{data}=(y\mathrm{data}_1,y\mathrm{data}_2,\cdots y\mathrm{data}_n)$，求向量值函数 $F(\boldsymbol{a},x\mathrm{data})=(F(\boldsymbol{a},x\mathrm{data}_1),F(\boldsymbol{a},\mathrm{data}_2)\cdots,F(\boldsymbol{a},x\mathrm{data}_n))^\mathrm{T}$ 中的未知参数 $\boldsymbol{a}$，使得函数值与实际测量值的差的平方和

$$\sum_{i=1}^n (F(\boldsymbol{a},x\mathrm{data}_i)-y\mathrm{data}_i)^2$$

最小，lsqcurvefit 命令的格式为：

```
a=lsqcurvefit('fun',x0,xdata,ydata,lb,ub)
```

例 4 已知数据 $\boldsymbol{x}=(2\ 3\ 4\ 5\ 6)$，$\boldsymbol{y}=(8.7\ 6.4\ 3.7\ 3.0\ 5.1)$，求函数未知参数 a,b.
$$f(x)=a\sin(x)+b$$

解 先建立 F 的函数文件，用 canshu 表示未知参数向量 (a,b)，代码如下：

```
function F=myfun(canshu,x)
F=canshu(1)*sin(x)+canshu(2);
```

求参数的主程序如下：

```
x=2:6;
y=[8.7 6.4 3.7 3.0 5.1];
canshu=lsqcurvefit('myfun',[2 7],x,y)
```

也可以用匿名函数形式：

```
canshu=lsqcurvefit(@(canshu,x)canshu(1)*sin(x)+canshu(2),[2 7],x,y)
```

结果为：

```
canshu=3.0353  5.9535.
```

2. lsqnonlin 函数

设 $F(x)=(f_1(x),f_2(x),\cdots,f_n(x))$，求参数 x 使得 $\sum_{i=1}^{n}f_i^2(x)$ 最小，命令格式为：

```
x=lsqnonlin('fun',x0,lb,ub,options)
```

其中 fun 是定义向量函数 $F(x)$ 的 M 文件。

例 5 用表 3-6 中数据，拟合函数 $c(t)=a+b\mathrm{e}^{-0.02kt}$ 中的参数 a,b,k。

表 3-6

t_j	100	200	300	400	500	600	700	800	900	1 000
$c_j/10^{-3}$	4.54	4.99	5.35	5.65	5.90	6.10	6.26	6.39	6.50	6.59

解 该问题即求解最优化问题：

$$\min \sum_{j=1}^{10}(a+b\mathrm{e}^{-0.02kt_j}-c_j)^2$$

(1) 用命令 lsqcurvefit，此时

$$F(x,t\mathrm{data})=(a+b\mathrm{e}^{-0.02kt_1},\cdots,a+b\mathrm{e}^{-0.02kt_{10}}), \quad x=(a,b,k)$$

先编写 $F(x,t\mathrm{data})$ 的函数文件 curvefun1.m 如下：

```
function F=curvefun1(x,tdata)
F=x(1)+x(2)*exp(-0.02*x(3)*tdata);  %其中 x(1)=a;x(2)=b;x(3)=k;
```

然后输入主程序代码：

```
tdata=100:100:1000;
cdata=1e-3*[4.54,4.99,5.35,5.65,5.90,6.10,6.26,6.39,6.50,6.59];
x0=[0.2,0.05,0.05];
x=lsqcurvefit('curvefun1',x0,tdata,cdata);
t=100:10:1000;c=curvefun1(x,t);
plot(tdata,cdata,'o',t,c)
```

拟合得到参数 $a=0.007\,0,b=-0.003\,0,k=0.006\,6$。如图 3-11(a) 所示，拟合效果不好。以拟合得到的系数 x 作为初值 x_0，再次拟合得到 $a=0.006\,9,b=-0.002\,9,c=0.102\,3$，拟合曲线如图 3-11(b) 所示。

(2) 用命令 lsqnonlin，此时

$$f(x,t\mathrm{data},c\mathrm{data})=(a+b\mathrm{e}^{-0.02kt_1}-c_1,\cdots,a+b\mathrm{e}^{-0.02kt_{10}}-c_{10}), \quad x=(a,b,k)$$

编写 $f(x)$ 的函数文件 fun2.m：

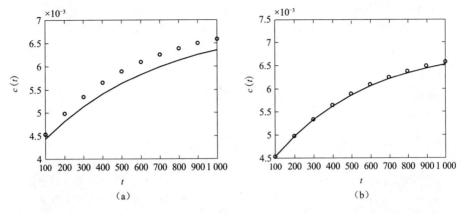

图 3-11

```
function f=fun2(x);
t=100:100:1000;
c=10^(-3) * [4.54  4.99  5.35  5.65  5.90  6.10  6.26  6.39  6.50  6.59];
f=x(1)+ x(2) * exp(-0.02 * x(3) * t)-c;
```

调用函数 lsqnonlin,编写程序代码如下:

```
x0=[0.2 0.05 0.05];        %初始值是任意取的
x=lsqnonlin(@ fun2,x0)     %或者x=lsqnonlin('fun2',x0)
```

例6 用表 3-7 中的观测数据,拟合函数 $y=e^{-k_1 x_1}\sin(k_2 x_2)+x_3^2$ 中的参数 k_1, k_2.

表 3-7

序号	y/kg	x_1/cm²	x_2/kg	x_3/kg	序号	y/kg	x_1/cm²	x_2/kg	x_3/kg
1	15.02	23.73	5.49	1.21	14	15.94	23.52	5.18	1.98
2	12.62	22.34	4.32	1.35	15	14.33	21.86	4.86	1.59
3	14.86	28.84	5.04	1.92	16	15.11	28.95	5.18	1.37
4	13.98	27.67	4.72	1.49	17	13.81	24.53	4.88	1.39
5	15.91	20.83	5.35	1.56	18	15.58	27.65	5.02	1.66
6	12.47	22.27	4.27	1.50	19	15.85	27.29	5.55	1.70
7	15.80	27.57	5.25	1.85	20	15.28	29.07	5.26	1.82
8	14.32	28.01	4.62	1.51	21	16.40	32.47	5.18	1.75
9	13.76	24.79	4.42	1.46	22	15.02	29.65	5.08	1.70
10	15.18	28.96	5.30	1.66	23	15.73	22.11	4.90	1.81
11	14.20	25.77	4.87	1.64	24	14.75	22.43	4.65	1.82
12	17.07	23.17	5.80	1.90	25	14.35	20.04	5.08	1.53
13	15.40	28.57	5.22	1.66					

解 先建立函数文件 fun1.m,代码如下:

```
function f=fun1(canshu,xdata);
f=exp(-canshu(1)*xdata(:,1)).*sin(canshu(2)*xdata(:,2))+xdata(:,3).^2;
%其中canshu(1)=k1,canshu(2)=k2,注意函数中自变量的形式
```

主程序：

```
clc, clear
a=textread('data1.txt');

y0=a(:,[2,7]);                          %提出因变量y的数据
y0=nonzeros(y0);                        %去掉最后的零元素,且变成列向量
x0=[a(:,[3:5]);a([1:end-1],[8:10])];    %由分块矩阵构造因变量数据的2列矩阵
canshu0=rand(2,1);                      %拟合参数的初始值是任意取的
%非线性拟合的答案是不唯一的,下面给出拟合参数的上下界,
lb=zeros(2,1);      %这里是随意给的拟合参数的下界,无下界时,默认值是空矩阵[]
ub=[20;2];          %这里是随意给的上界,无上界时,默认值是空矩阵[]
canshu=lsqcurvefit(@fun1,canshu0,x0,y0,lb,ub)
```

运行结果为

```
canshu= 0.0000    1.5484
```

例 7 6 月至 7 月，黄河进行了调水调沙试验，小浪底从 6 月 19 日开始放水，直到 7 月 13 日恢复正常供水结束. 由小浪底观测站从 6 月 29 日到 7 月 10 检测到的试验数据见表 3-8.

表 3-8

日期	6.29		6.30		7.1		7.2		7.3		7.4	
时间	8:00	20:00	8:00	20:00	8:00	20:00	8:00	20:00	8:00	20:00	8:00	20:00
水流量/(m^3/s)	1 800	1 900	2 100	2 200	2 300	2 400	2 500	2 600	2 650	2 700	2 720	2 650
含沙量/(kg/m^3)	32	60	75	85	90	98	100	102	108	112	115	116
日期	7.5		7.6		7.7		7.8		7.9		7.10	
时间	8:00	20:00	8:00	20:00	8:00	20:00	8:00	20:00	8:00	20:00	8:00	20:00
水流量/(m^3/s)	2 600	2 500	2 300	2 200	2 000	1 850	1 820	1 800	1 750	1 500	1 000	900
含沙量/(kg/m^3)	118	120	118	105	80	60	50	30	26	20	8	5

根据试验数据建立数学模型，研究下面的问题：

(1) 给出估计任意时刻的排沙量及总排沙量的方法；

(2) 确定排沙量与水流量的关系.

解 已知给定的观测时刻是等间距的，以 6 月 29 日零时刻开始计时，则各次观测时刻分别为 $t=3\,600(12i-4)$，$i=1,2,\cdots,24$，其中计时单位为 s，即第 1 次观测的时刻为第 28 800 s. 记第 i 次观测时水流量为 v_i，含沙量为 c_i，则第 i 次观测时的排沙量为 $y_i=v_i c_i$. 观测得到的排沙量数据见表 3-9.

表 3-9

节点	1	2	3	4	5	6	7	8
时间/s	28 800	72 000	115 200	158 400	201 600	244 800	288 000	331 200
排沙量/kg	57 600	114 000	157 500	187 000	207 000	235 200	250 000	265 200
节点	9	10	11	12	13	14	15	16
时刻	374 400	417 600	460 800	504 000	547 200	590 400	633 600	676 800
排沙量/kg	286 200	302 400	312 800	307 400	306 800	300 000	271 400	231 000
节点	17	18	19	20	21	22	23	24
时刻	720 000	763 200	806 400	849 600	892 800	936 000	979 200	1 022 400
排沙量/kg	160 000	111 000	91 000	54 000	45 500	30 000	8 000	4 500

(1) 问题(1)的求解.

根据所给问题的试验数据,要计算任意时刻的排沙量,就要确定出排沙量随时间变化的规律,可以通过三次样条插值来得到排沙量与时间的函数关系 $y(t)$.

然后进行积分就得到总的排沙量 $z = \int_{t_1}^{t_{24}} y(t) dt$,求得总的排沙量为 $1.844 \times 10^8 t$.

MATLAB 程序如下:

```
clc,clear
load data.txt %data.txt 按照原始数据格式把水流量和含沙量排成 4 行,12 列
sliu=data([1,3],:);
sliu=sliu';sliu=sliu(:);
hsha=data([2,4],:);
hsha=hsha';hsha=hsha(:);
y0=hsha.*sliu;y0=y0';
i=1:24;
t=(12*i-4)*3600;
t1=t(1);t2=t(end);
pp=csape(t,y0);
xsh=pp.coefs %求得插值多项式的系数矩阵,每一行是一个区间上多项式的系数.
TL=quadl(@(t)ppval(pp,t),t1,t2)
```

(2) 问题(2)的求解.

在整个调水调沙过程中水流量的变化分为两个阶段,水流量从 1 800 m³/s 增大到 2 720 m³/s,然后又下降到 900 m³/s. 要研究排沙量与水流量的关系,先画出二者的散点图,得到排沙量与水量的拟合曲线,如图 3-12 所示.

从散点图可以看出,两个阶段排沙量与水流量的变化规律不一样:第一阶段基本上是线性关系;第二阶段可以依次用二次、三次、四次曲线来拟合. 选取其中误差平方和较小的模型.

最后,求得第一阶段排沙量 y 与水流量 v 之间的预测模型为

$$y = 250.565\ 5v - 373\ 384.466\ 1$$

第二阶段的预测模型为一个四次多项式

$$y = -2.769\ 3 \times 10^{-7} v^4 + 0.001\ 8v^3 - 4.092v^2 + 3\ 891.044\ 1v - 1.322\ 6 \times 10^6$$

MATLAB 程序如下:

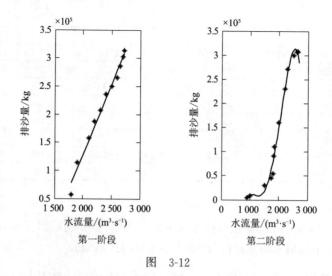

图 3-12

```
format long
subplot(1,2,1),plot(sliu(1:11),y0(1:11),'*')
subplot(1,2,2),plot(sliu(12:24),y0(12:24),'*')
pp1=polyfit(sliu(1:11),y0(1:11),1)
pp2=polyfit(sliu(12:24),y0(12:24),2)
pp3=polyfit(sliu(12:24),y0(12:24),3)
pp4=polyfit(sliu(12:24),y0(12:24),4)
x1=sliu(1:11);
y1=polyval(pp1,x1);
x2=sliu(12:24);
y2=polyval(pp2,x2);
y3=polyval(pp3,x2);
y4=polyval(pp4,x2);
s1=sum([y0(1:11)-y1].^2)
s2=sum([y0(12:24)-y2].^2)
s3=sum([y0(12:24)-y3].^2)
s4=sum([y0(12:24)-y4].^2)
xx=900:50:2720;
yy=polyval(pp4,xx);
figure
subplot(1,2,1),plot(sliu(1:11),y0(1:11),'*',x1,y1)
subplot(1,2,2),plot(sliu(12:24),y0(12:24),'*',xx,yy)
```

3.3 建模案例：土壤重金属污染的空间分布

案例：（2011年全国大学生数学建模竞赛A题）在对某城市城区土壤地质环境调查中，需要将所考察的城区划分为间距1 km左右的网格子区域，按照每平方千米1个采样点对表层土（深

0～10 cm)进行取样、编号,并用GPS记录采样点的位置.应用专门仪器测试分析,获得了每个样本所含的多种化学元素的浓度数据.另一方面,按照2 km的间距在那些远离人群及工业活动的自然区取样,将其作为该城区表层土壤中元素的背景值.其中,本章的素材文件附件1列出了所测城区319个采样点的位置、海拔高度及其所属功能区等信息,部分见表3-10;附件2列出了8种主要重金属元素在采样点处的浓度,部分见表3-11;附件3列出了8种主要重金属元素的背景值.

扫一扫

土壤重金属污染

表 3-10

编号	x/m	y/m	海拔/m	功能区
1	74	781	5	4
2	1 373	731	11	4
3	1 321	1 791	28	4
⋮	⋮	⋮	⋮	⋮
319	7 653	1 952	48	5

表 3-11

编号	ω_{As}/ $(\mu g \cdot g^{-1})$	ω_{Cd}/ $(ng \cdot g^{-1})$	ω_{Cr}/ $(\mu g \cdot g^{-1})$	ω_{Cu}/ $(\mu g \cdot g^{-1})$	ω_{Hg}/ $(\mu g \cdot g^{-1})$	ω_{Ni}/ $(\mu g \cdot g^{-1})$	ω_{Pb}/ $(\mu g \cdot g^{-1})$	ω_{Zn}/ $(\mu g \cdot g^{-1})$
1	7.84	153.80	44.31	20.56	266.00	18.20	35.38	72.35
2	5.93	146.20	45.05	22.51	86.00	17.20	36.18	94.59
3	4.90	439.20	29.07	64.56	109.00	10.60	74.32	218.37
4	6.56	223.90	40.08	25.17	950.00	15.40	32.28	117.35
⋮	⋮	⋮	⋮	⋮	⋮	⋮	⋮	⋮

利用得到的数据给出8种主要重金属元素在该城区的空间分布.

问题分析:由于测量点比较散乱,这是一个散乱点的插值问题,因此可以对海拔高度进行插值绘制地形图,对重金属污染浓度进行插值,绘制污染浓度的分布图,绘制污染浓度的等值线图,寻找高污染区域.

3.3.1 采样点的分布

根据采样点的位置坐标(x,y)和所在的功能区,利用MATLAB绘制采样点的分布图,如图3-13所示.城区分为5个功能区:1——生活区、2——工业区、3——山区、4——交通区、5——公园绿地区.

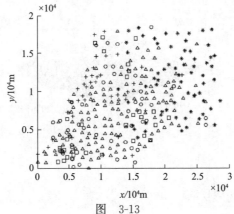

图 3-13

代码如下：

```
a=xlsread('G:2011A\cumcm2011A附件_数据.xls','附件1','b4:e322');
b=xlsread('G:2011A\cumcm2011A附件_数据.xls','附件2','b4:i322');
hold on
for i=1:319
    if a(i,4)==1
        plot(a(i,1),a(i,2),'o','MarkerSize',5);
    elseif a(i,4)==2
        plot(a(i,1),a(i,2),'+','MarkerSize',5);
    elseif a(i,4)==3
        plot(a(i,1),a(i,2),'*','MarkerSize',5);
    elseif a(i,4)==4
        plot(a(i,1),a(i,2),'^','MarkerSize',5);
    else
        plot(a(i,1),a(i,2),'s','MarkerSize',5);
    end
end
hold off
```

3.3.2 绘制地形图

在不同的地形情况下，重金属的污染浓度是不同的，地形是污染浓度的一个影响因素。题目中给出了采样点的海拔，下面利用二维插值方法绘制该城区的地形图。对非网格数据进行二维插值的算法有很多，主要有双线性插值算法、最邻近插值、三次样条插值和双三次样条插值，以及 MATLAB 软件提供的 'V4' 插值。其中 'V4' 插值算法对于按不规则排列数据点插值问题具有比较好的效果。通过对各算法插值效果的比较，发现 'V4' 插值算法的插值效果较好，但是，'V4' 插值的结果会使边界点由于坡度较大而使海拔出现负值。因此，可将 'V4' 插值和最邻近插值算法结合起来进行插值，当 'V4' 插值出现负值时改为最邻近插值，得到地形图如图 3-14 所示。

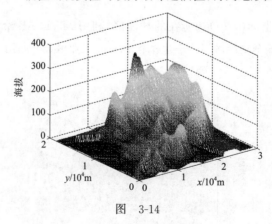

图 3-14

代码如下：

```
x=a(:,1);y=a(:,2);z=a(:,3);
```

```
[X,Y]= meshgrid(linspace(min(x),max(x),150),linspace(min(y),max(y),150));
[X,Y,H1]=griddata(x,y,z,X,Y,'v4');
[X,Y,H2]=griddata(x,y,z,X,Y,'nearest');
H=H1;H(H1<0)=H2(H1<0);
mesh(X,Y,H)
xlabel('x/m');ylabel('y/m');zlabel('海拔')
```

3.3.3 污染浓度空间分布图

建立网格点,对采样点的空间三维坐标(x,y,z)和重金属污染浓度采用插值求得网格点处的污染浓度.下面采用Sheperd插值方法求未知点的污染浓度.

Shepard插值方法的基本思想是根据已知数据点的权重来进行插值计算,它采用反距离权重法.Shepard方法对于未知位置的点,通过计算该点与已知数据点的距离,然后根据距离的远近分配权重.距离越近的数据点权重越大,距离越远的数据点权重越小.然后,根据已知数据点的值和权重计算出未知位置的值.

设采样点(x_i,y_i,z_i)的浓度为c_i,则在点(x,y,z)的浓度为

$$c(x,y,z)=\sum_i w_i c_i$$

式中,$w_i=\dfrac{1/d_i}{\sum_i 1/d_i}$;$d_i$是该点到采样点$(x_i,y_i,z_i)$的距离.

利用Shepard插值方法计算得到网格点的As浓度后,根据插值点的空间三维坐标(x,y,z)和重金属浓度绘制As浓度的空间分布图3-15,根据坐标x、y和As浓度绘制As浓度分布图3-16,As浓度等值线图3-17,而且可以找出高污染区域所在位置.用MATLAB在等值线图上可以查看As污染浓度较大区域的大体位置,如(18 070,10 030)附近的As浓度达到11.0以上.用此方法可得其他重金属的污染空间分布图.

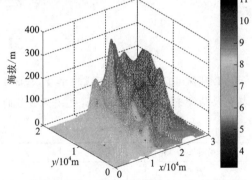

图 3-15

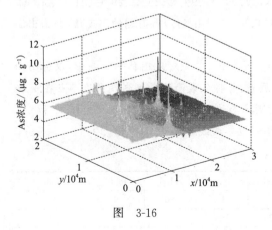

图 3-16

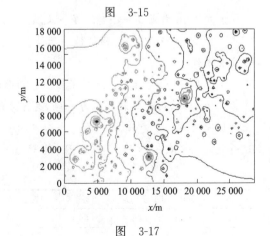

图 3-17

代码如下：

```
% As 的浓度插值
for i= 1:150
    for j= 1:150
        d= [];
        for k= 1:319
            d(k)= sqrt((X(i,j)- a(k,1))^2+ (Y(i,j)- a(k,2))^2+ (H(i,j)- a(k,3))^2);
        end
        c(i,j)= sum(1./d'.*b(:,1))/sum(1./d);
    end
end
figure
mesh(X,Y,H,c)              %绘制地形与 As 浓度图
xlabel('x/m');ylabel('y/m');zlabel('海拔')
colorbar
figure
mesh(X,Y,c)                %绘制 As 浓度与 x,y 的关系
xlabel('x/m');ylabel('y/m');zlabel('As 浓度')
figure
[C,h]= contour(X,Y,c,25)   %浓度等值线
```

习　题

1. 环保部门为观测某河段中水质，每隔 1 km 设一个观测点，高锰酸盐观测结果见表 3-12. 用插值法估计 1.5 km 和 2.6 km 处高锰酸盐的浓度值，并在 [1,6] 范围内绘制浓度变化曲线.

表 3-12

观测位置/km	1	2	3	4	5	6
观测值	16	18	21	17	15	12

2. 在 12 h 内每隔一小时测量一次温度，温度依次为 58 ℃、95 ℃、25 ℃、29 ℃、31 ℃、30 ℃、22 ℃、25 ℃、27 ℃、24 ℃. 用插值法估计在第 3.2 h，6.5 h，7.1 h，11.7 h 时刻的温度值，并画出温度变化曲线.

3. 已知一个地区的地图，为了算出它的面积和边界长度，首先对地图作如下测量：以由西向东方向为 x 轴，由南向北方向为 y 轴，选择方便的原点，并将从最西边界点到最东边界点在 x 轴上的区间适当地分为若干段，在每个分点的 y 方向测出南边界点和北边界点的 y 坐标 y_1 和 y_2，这样就得到了表 3-13 的数据（地图中单位：mm），绘制边界曲线.

表 3-13

x	7.0	10.5	13.0	17.5	34.0	40.5	44.5	48.0	56.0
y_1	44	45	47	50	50	38	30	30	34
y_2	44	59	70	72	93	100	110	110	110

续上表

x	61.0	68.5	76.5	80.5	91.0	96.0	101.0	104.0	106.5
y_1	36	34	41	45	46	43	37	33	28
y_2	117	118	116	118	118	121	124	121	121
x	111.5	118.0	123.5	136.5	142.0	146.0	150.0	157.0	158.0
y_1	32	65	55	54	52	50	66	66	68
y_2	121	122	116	83	81	82	86	85	68

4. 用表 3-14 中的数据拟合 $c(t)=a+be^{0.02kt}$ 中的参数 a,b,k，初步估计值为 $0.2,0.05,0.1$。

表 3-14

t	10	20	30	40	50	60	70	80	90	100
c	4.5	4.9	5.3	5.6	5.9	6.1	6.2	6.3	6.5	6.6

5. 有一组测量数据见表 3-15，数据具有二次函数的变化趋势，用最小二乘法求函数 y。

表 3-15

x	1	1.5	2	2.5	3	3.5	4	4.5	5
y	−1.4	2.7	3	5.9	8.4	12.2	16.6	18.8	26.2

6. 用电压 $U=10$ V 的电池给电容器充电，电容器上 t 时刻的电压为

$$u(t)=U-(U-U_0)e^{-\frac{t}{\tau}}$$

其中 U_0 是电容器的初始电压，τ 是充电常数。试由下面一组 t,u 数据确定 τ,U_0。

表 3-16

t/s	0.5	1	2	3	4	5	7	9
U/v	6.36	6.48	7.26	8.22	8.66	8.99	9.43	9.63

7. 给定实验数据见表 3-17。

表 3-17

x	1	2	3	4	5	6	7	8	9	10
y	3.2	5.3	8.9	14.7	24.3	40.1	66.2	109.1	180.0	296.8

(1) 试将以上数据先画散点图然后拟合指数函数 $y=ae^{bx}$（a,b 均为常数）。

(2) 利用以上数据作插值，求在 $x=1.5,2.5,3.6$ 处的函数值。

8. 给定一组观测数据如下，已知该数据满足函数 $f(x)=ax+bx^2e^{-cx}+d$，试求函数式中未知参数 a,b,c,d 的值。

表 3-18

x	0.1	0.2	0.3	0.4	0.5	0.6	0.7	0.8	0.9	1.0
y	2.32	2.64	2.97	3.28	3.60	3.90	4.21	4.51	4.82	5.12

第 4 章 微分方程

在自然界和社会生活中,很多问题是连续变化的.对于这些问题,我们需要研究它们的变化规律,即变化过程的函数表达式.通常情况下,人们很难直接得到变量之间的函数关系,需要根据变量的变化规律给出相应的方程,然后求解方程得到函数关系式.对于连续变化的问题,可以利用导数表示变化速度,列出含有未知函数及未知函数的导数或微分的方程,即微分方程.对于离散变化的问题,导数是不存在的,我们可以利用差分替代微分,建立差分方程.微分方程和差分方程是数学建模的重要方法,本章主要介绍微分方程的一些理论、MATLAB 求解方法与一些应用案例.

4.1 微分方程的解

4.1.1 微分方程的理论

在研究连续变化的问题时,可以利用导数表示变化速度,列出含有未知函数及未知函数的导数或微分的方程,即微分方程.研究某些实际问题时,首先要建立微分方程,然后找出满足微分方程的函数,把这个函数代入微分方程能使该方程成为恒等式,这个函数就称为该微分方程的解.

在微分方程中所出现的未知函数的导数的最高阶数称为这个方程的阶.如果微分方程的解中含有任意常数,且任意常数的个数与微分方程的阶数相同,这样的解称为微分方程的通解.求微分方程满足初始条件的特解称为微分方程的初值问题,常见的微分方程有:

一阶线性微分方程

$$\frac{dy}{dx} + P(x)y = Q(x)$$

二阶常系数齐次线性微分方程

$$y'' + py' + qy = 0$$

二阶常系数非齐次线性微分方程

$$y'' + py' + qy = f(x)$$

一阶线性微分方程采用变量分离法和常数变易法求解;二阶常系数线性微分方程根据特征方程的根的情况求解.但是对于一般的微分方程,如二阶非齐次线性微分方程

$$y'' + P(x)y' + Q(x)y = f(x)$$

手工求解十分困难.对于复杂微分方程需要利用计算机软件求解,求得解析解或数值解.

对于连续变化的问题,其变化速度就是导数,所以对于这些问题建立数学模型时常列出含有未知函数及未知函数导数的微分方程.

许多物理问题,根据物理学有关定律可以直接得到微分方程.

例 1 质量为 m 的质点受力 F 的作用沿 Ox 做直线运动. 设力 F 仅是时间 t 的函数,记为 $F=F(t)$. 在开始时刻 $t=0$ 时,$F(0)=F_0$,随着时间 t 的增大,F 均匀地减小,直到 $t=T$ 时,$F(T)=0$. 如果开始时质点位于原点,且初速度为零,求该质点的运动规律.

解 设 $x=x(t)$ 表示在时刻 t 时质点的位置,根据牛顿第二定律,质点运动的微分方程为

$$m\frac{\mathrm{d}^2 x}{\mathrm{d}t^2}=F(t).$$

由题设,力 $F(t)$ 随 t 增大而均匀地减小,且 $t=0$ 时,$F(0)=F_0$,所以

$$F(t)=F_0-kt$$

又当 $t=T$ 时,$F(T)=0$,从而

$$F(t)=F_0\left(1-\frac{t}{T}\right)$$

于是质点运动的微分方程又写为

$$\frac{\mathrm{d}^2 x}{\mathrm{d}t^2}=\frac{F_0}{m}\left(1-\frac{t}{T}\right)$$

其初始条件为

$$x|_{t=0}=0,\quad \frac{\mathrm{d}x}{\mathrm{d}t}\bigg|_{t=0}=0$$

将微分方程两边积分得

$$\frac{\mathrm{d}x}{\mathrm{d}t}=\frac{F_0}{m}\left(t-\frac{t^2}{2T}\right)+C_1$$

再积分一次得

$$x=\frac{F_0}{m}\left(\frac{1}{2}t^2-\frac{t^3}{6T}\right)+C_1 t+C_2$$

由初始条件

$$x(0)=0,\quad \frac{\mathrm{d}x}{\mathrm{d}t}\bigg|_{t=0}=0$$

得 $C_1=C_2=0$. 于是所求质点的运动规律为

$$x=\frac{F_0}{m}\left(\frac{1}{2}t^2-\frac{t^3}{6T}\right),\quad 0\leqslant t\leqslant T$$

例 2 设有一个由电阻 R、自感 L、电容 C 和电源 E 串联组成的电路,其中 R、L 及 C 为常数,电源电动势是时间 t 的函数:$E=E_m\sin\omega t$,这里 E_m 及 ω 也是常数.

解 设电路中的电流为 $i(t)$,电容器极板上的电量为 $q(t)$,两极板间的电压为 u_C,自感电动势为 E_L. 由电学知道

$$i=\frac{\mathrm{d}q}{\mathrm{d}t},\quad u_C=\frac{q}{C},\quad E_L=-L\frac{\mathrm{d}i}{\mathrm{d}t}$$

根据回路电压定律得

$$E - L\frac{\mathrm{d}i}{\mathrm{d}t} - \frac{q}{C} - Ri = 0$$

即

$$LC\frac{\mathrm{d}^2 u_C}{\mathrm{d}t^2} + RC\frac{\mathrm{d}u_C}{\mathrm{d}t} + u_C = E_m \sin \omega t$$

或写为

$$\frac{\mathrm{d}^2 u_C}{\mathrm{d}t^2} + 2\beta\frac{\mathrm{d}u_C}{\mathrm{d}t} + \omega_0^2 u_C = \frac{E_m}{LC}\sin \omega t$$

式中,$\beta = \frac{R}{2L}, \omega_0 = \frac{1}{\sqrt{LC}}$. 这就是串联电路的振荡方程.

如果电容器经充电后撤去外电源($E=0$),则上述方程变为

$$\frac{\mathrm{d}^2 u_C}{\mathrm{d}t^2} + 2\beta\frac{\mathrm{d}u_C}{\mathrm{d}t} + \omega_0^2 u_C = 0$$

4.1.2 微分方程的解析解

在高等数学中已经学过常见的常微分方程的解的理论和求解方法,对于简单的微分方程(组),较易推导出解的解析式. 利用 MATLAB 也可以得到微分方程的解析解,但是表达式十分复杂,不如人工推导的结果简洁. MATLAB 的优势是数值计算,符号运算效果不佳.

求微分方程(组)解析解的命令格式:

```
y=dsolve(eqns)
y=dsolve(eqns,conds)
[y1,...,yn]=dsolve(eqns)
[y1,...,yn]=dsolve(eqns,conds)
```

例3 解微分方程 $\frac{\mathrm{d}^2 y}{\mathrm{d}x^2} = x^2 + 2x$.

解 编写程序代码如下:

```
>> syms  x  y
>> dsolve('D2y= x^2+2*x','x')
ans=
C3+ (x*(x^3+4*x^2+C2))/12
```

在表达微分方程时,用字母 D 表示求导数,Dy=diff(y)为一阶导数,D2y=diff(y,2)为二阶导数. D 后所跟的字母为因变量,自变量可以指定或为缺省变量 t.

例4 求微分方程的特解 $\begin{cases} \frac{\mathrm{d}^2 y}{\mathrm{d}x^2} + 4\frac{\mathrm{d}y}{\mathrm{d}x} + 29y = 0 \\ y(0) = 0 \\ y'(0) = 15 \end{cases}$.

解 编写程序代码如下:

```
>> y=dsolve('D2y+ 4*Dy+ 29*y=0','y(0)=0,Dy(0)=15','x')
y=
3*exp(-2*x)*sin(5*x)
```

例 5 求微分方程组的通解：

$$\begin{cases} \dfrac{dx}{dt}=2x-3y+3z \\ \dfrac{dy}{dt}=4x-5y+3z \\ \dfrac{dz}{dt}=4x-4y+2z \end{cases}$$

解 编写程序代码如下：

```
>> [x,y,z]= dsolve('Dx= 2*x-3*y+3*z','Dy= 4*x-5*y+3*z','Dz=4*x-4*y+2*z','t');
>> x=simple(x)          %将 x 化简
>> y=simple(y)
>> z=simple(z)
x=
    C2/exp(t)+C3*exp(t)^2
y=
    C2*exp(-t)+C3*exp(2*t)+ exp(-2*t)*C1
z=
    C3*exp(2*t)+exp(- 2*t)*C1
```

4.1.3 微分方程的数值解

在生产和科研中所处理的微分方程往往很复杂，很难得到未知函数的解析式解．而且在实际问题中也不需要得到很完美的未知函数的解析式，往往只需要得到函数在某一范围内的若干数值，即可绘制函数曲线以及进行有关计算，因此研究常微分方程的数值解法是十分必要的．微分方程的数值解法主要有欧拉法和龙格－库塔法，实质上是把连续问题离散化，以差分代替微分．

微分方程

$$y'=f(x,y), \quad y(x_0)=y_0$$

的数值解是指对某区间内的自变量 x 的一些离散值 $x_0 < x_1 < \cdots < x_n$，求出函数值 $y(x_1)$，$y(x_2)$，$\cdots$，$y(x_n)$ 的近似值 $y_1, y_2, \cdots, y_n$．

1. 欧拉方法

欧拉方法是一种最简单的数值解法．该方法的基本思路是在小区间 $[x_n, x_{n+1}]$ 上用差商代替微分方程中的 y'，

$$y' = \frac{y(x_{n+1})-y(x_n)}{h}$$

对 $f(x,y)$ 中 x 在 $[x_n, x_{n+1}]$ 上取值分别是 x_n 或 x_{n+1} 时，就形成向前欧拉公式与向后欧拉公式．

(1) 向前欧拉公式．

$f(x,y)$ 取左端点 x_n，得如下公式

$$y(x_{n+1}) \approx y(x_n)+hf(x_n,y(x_n))$$

从 x_0 点出发,由初值 $y(x_0)=y_0$ 代入上式依次求得所有的函数值

$$y_{n+1}=y_n+hf(x_n,y_n), \quad n=0,1,2,\cdots$$

上式称为向前欧拉公式,由此得到的数值解形成折线 $P_0P_1P_2\cdots$,作为积分曲线 $y=y(x)$ 的近似,用 $y(x_{n+1})$ 表示在 x_{n+1} 处的精确值,y_{n+1} 为解的近似值,不难得到

$$y(x_{n+1})-y_{n+1}=\frac{h^2}{2}y''(x_n)+O(h^3)=O(h^2)$$

这一误差称为局部截断误差. 若一种算法局部截断误差为 $O(h^{P+1})$,则称该算法具有 P 阶精度,所以向前欧拉公式具有一阶精度.

(2)向后欧拉公式.

若 $f(x,y)$ 中 x 取 $[x_n,x_{n+1}]$ 中的 x_{n+1},则有向后欧拉公式

$$y_{n+1}=y_n+hf(x_{n+1},y_{n+1}), \quad n=0,1,2,\cdots$$

因为此式中 y_{n+1} 未知,故称其为隐式公式,无法用其直接计算 y_{n+1}. 人们常先用向前欧拉公式计算出 y_{n+1} 的近似值 $\bar{y}_{n+1}$,再代入上式.

(3)梯形公式.

将向前与向后欧拉公式进行平均可得到梯形公式

$$y_{n+1}=y_n+\frac{h}{2}[f(x_n,y_n)+f(x_{n+1},y_{n+1})], \quad n=0,1,2,\cdots$$

其局部截断误差为 $O(h^3)$,具有二阶精度. 此式中 y_{n+1} 也未知.

为使计算简单,又免去迭代的繁复,给出改进的欧拉公式

$$\begin{cases}\bar{y}_{n+1}=y_n+hf(x_n,y_n)\\ y_{n+1}=y_n+\dfrac{h}{2}[f(x_n,y_n)+f(x_{n+1},\bar{y}_{n+1})]\end{cases}, \quad n=0,1,2,\cdots$$

2. 龙格-库塔方法

由微分中值定理

$$[y(x_{n+1})-y(x_n)]/h=y'(x_n+\theta h), \quad 0<\theta<1$$

又因为 $y'=f(x,y)$,所以

$$y'(x_n+\theta h)=f(x_n+\theta h,y(x_n+\theta h))$$

从而有

$$y(x_{n+1})=y(x_n)+hf((x_n+\theta h),y(x_n+\theta h))$$

令 $\bar{k}=f(x_n+\theta h,y(x_n+\theta h))$,称其为区间 $[x_n,x_{n+1}]$ 上的平均斜率. 向前欧拉公式中 $\bar{k}=f(x_n,y_n)$,精度低. 改进欧拉公式,取 $\bar{k}=\dfrac{1}{2}[f(x_n,y_n)+f(x_{n+1},\bar{y}_{n+1})]$,精度得到提高. 在区间 $[x_n,x_{n+1}]$ 内多取几个点,将其斜率加权平均后,就能构造出精度更高的计算公式,公式的推导不再赘述,只开列具体结果.

(1)二阶龙格-库塔公式.

$$\begin{cases}y_{n+1}=y_n+h(\lambda_1k_1+\lambda_2k_2)\\ k_1=f(x_n,y_n)\\ k_2=f(x_n+ah,y_n+\beta hk_1)\end{cases}, \quad 0<a,\beta<1$$

其中 $\lambda_1+\lambda_2=1,\lambda_2 a=\dfrac{1}{2},\beta=a$,由于 4 个未知数只有 3 个方程,所以解不唯一,若令 $\lambda_1+\lambda_2=\dfrac{1}{2}$, $a=\beta=1$,即得改进的欧拉公式,具有二阶精度.

(2)四阶龙格-库塔公式.

本书只给出经典格式中最常用的一种:

$$\begin{cases} y_{n+1}=y_n+\dfrac{h}{6}(k_1+2k_2+2k_3+k_4) \\ k_1=f(x_n,y_n) \\ k_2=f\left(x_n+\dfrac{h}{2},y_n+\dfrac{h}{2}k_1\right) \\ k_3=f\left(x_n+\dfrac{h}{2},y_n+\dfrac{h}{2}k_2\right) \\ k_4=f(x_n+h,y_n+hk_3) \end{cases}$$

其计算精度为四阶.

当一个数值公式的截断误差可表示为 $O(h^{k+1})$(其中 k 为正整数,h 为步长)时,称其为一个 k 阶公式. k 越大,则数值公式的精度越高.

欧拉法是一阶公式,改进的欧拉法是二阶公式.龙格-库塔法有二阶公式和四阶公式等形式.

4.1.4 常微分方程的数值解的实现

求微分方程的数值解的命令有 ode23,ode45,ode113,ode15s,ode23s 等.其中 ode45 采用四、五阶龙格库塔方法;ode23 采用二、三阶龙格库塔方法;ode113 采用多步法,效率一般比 ode45 高.所谓刚性是指微分方程组的解在某个自变量的一个小邻域范围内变化剧烈或曲线陡峭,因此解决此类问题必须采用小步长计算.MATLAB 的工具箱提供了几个解刚性常微分方程的功能函数,如 ode15s,ode23s,ode23t,ode23tb,ode45 可以兼顾非刚性和刚性问题,是初学者求解常微分方程的首选方法.下面以 ode45 为例说明命令的使用方法.

```
[t,y]= ode45('f',tspan,y0,options)
```

其中,输出的 t 是自变量的值(列向量),y 是因变量的值(矩阵),f 是一阶微分方程组 $y'=f(t,y)$ 右端项的函数文件名,它是一个列向量函数.tspan=[t0,tf],它是自变量取值范围,t0,tf 为自变量的初值和终值,y0 为函数初值.tspan 有三种形式,如 tspan=[0,10] 由计算机依据精度要求自动设定 t 值(不一定是等间隔的),并计算对应的函数值 y.使用者可依据需要在指定的 t 值处计算函数值 y,如 tspan=[0,1,3,6,9] 或 tspan=[0:2:10].

注意:(1)在解含 n 个未知数的微分方程组时,y0 和 y 均为 n 维向量,M 文件中的函数是微分方程组右端项构成的列向量,各因变量应以 y 的分量 y(1),y(2)…的形式写出;

(2)使用 MATLAB 软件求数值解时,高阶微分方程必须等价地变换成一阶微分方程组.

(3)在很多时候,低阶算法可能更有效,ode45 在某些情况下并不一定比 ode23 高效。有关微分方程数值解法更进一步的信息,请参考数值分析方面的书籍.有些参考书提供了一些关于算法选择和如何处理那些时间常数变化范围大的病态方程的非常实用的算法.

例6 解微分方程 $\begin{cases} \dfrac{d^2 x}{dt^2} - 1\,000(1-x^2)\dfrac{dx}{dt} - x = 0 \\ x(0) = 2 \\ x'(0) = 0 \end{cases}$.

解 令 $y_1 = x, y_2 = y_1'$，则微分方程变为一阶微分方程组

$$\begin{cases} y_1' = y_2 \\ y_2' = 1\,000(1-y_1^2)y_2 - y_1 \\ y_1(0) = 2 \\ y_2(0) = 0 \end{cases}.$$

建立一阶微分方程组的函数文件 vdp1000.m 如下：

```
function dy=vdp1000(t,y)
dy=[y(2);1000*(1-y(1)^2)*y(2)-y(1)];
```

取 t0=0, tf=3000, 输入主程序：

```
[t,y]=ode15s('vdp1000',[0 3000],[2 0]);
plot(t,y(:,1),'-')
```

函数曲线如图 4-1 所示.

例7 在区间 $[0, 12]$ 上解微分方程组

$$\begin{cases} y_1' = y_2 y_3 \\ y_2' = -y_1 y_3 \\ y_3' = -0.51 y_1 y_2 \\ y_1(0) = 0 \\ y_2(0) = 1 \\ y_3(0) = 1 \end{cases}.$$

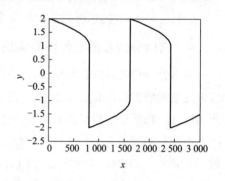

图 4-1

解 建立一阶微分方程组的函数文件 rigid.m 如下：

```
function dy=rigid(t,y)
dy=zeros(3,1);
dy(1)=y(2)*y(3);
dy(2)=-y(1)*y(3);
dy(3)=-0.51*y(1)*y(2);
```

在区间 $[0, 12]$ 内求微分方程数值解并画图，代码如下：

```
>> [t,y]=ode45('rigid',[0 12],[0 1 1]);
>> plot(t,y(:,1),'-',t,y(:,2),'*',t,y(:,3),'+')  %函数曲线如图4-2所示
```

注意：一阶微分方程组的函数文件也可以如下表示.

```
function dy=rigid(t,y)
dy=[y(2)*y(3);-y(1)*y(3);-0.51*y(1)*y(2)];
```

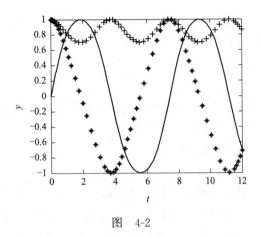

图 4-2

例 8 求解初值问题
$$y''' - 3y'' - y'y = 0, \quad y(0) = 0, \quad y'(0) = 1, \quad y''(0) = -1$$

解 令 $y_1 = y, y_2 = y', y_3 = y''$,则有

$$\begin{cases} y_1' = y_2 \\ y_2' = y_3 \\ y_3' = 3y_3 + y_1 y_2 \end{cases}, \quad \begin{cases} y_1(0) = 0 \\ y_2(0) = 1 \\ y_3(0) = -1 \end{cases}$$

初值问题可以写成 $Y' = F(t, Y), Y(0) = Y_0$ 的形式,其中 $Y = (y_1, y_2, y_3)^T$.

把一阶微分方程组右端项写成自变量 t 和因变量 y 的函数,建立其函数文件:

```
function dy=F(t,y);
dy=[y(2);y(3);3*y(3)+y(2)*y(1)];
```

注意:微分方程不显含自变量 t,但它是必不可少的,向量 dy 必须是列向量.

在 MATLAB 命令窗口输入下列命令就得到上述常微分方程的数值解.

```
>> [t,y]=ode45('F',[0 1],[0;1;-1]);
>> plot(t,y(:,1))      %函数曲线如图 4-3 所示
```

利用 MATLAB 求解偏微分方程最简单的做法就是直接利用 PDE 工具箱求解,在命令窗口输入 pdetool 即可进入人机交互界面.

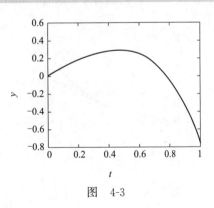

图 4-3

4.2 微分方程建模方法

当我们研究增长、衰退、变化率等相关的动态变化问题时,如果变化的过程是连续可微的,则应考虑建立微分方程模型.微分方程模型本质上是关于状态变量的变化率的方程,用来描述其变化规律.

对实际问题建立微分方程模型的基本步骤:(1)根据实际要求确定要研究的量(自变量、函

数、必要的参数等),建立坐标系;(2)找出这些量所满足的基本规律(物理的、几何的、化学的或生物学的,等等);(3)运用这些规律列出方程和初值条件.

建立微分方程模型的常见方法如下:

(1)按规律直接列方程.

在数学、力学、物理、化学等学科中,许多自然现象所满足的规律已为人们所熟悉,并直接由微分方程所描述,如牛顿定律、胡克定律、能量守恒定律、放射性物质的放射性规律等.我们常利用这些规律对某些实际问题列出微分方程.

(2)微元分析法.

对于有些问题,我们不能直接列出自变量和未知函数及其变化率之间的关系式.通过微元分析法,即把研究区域划分为一系列微小的子区域,在任意小的子区域(微元)内研究状态变量的变化规律,写出自变量与未知函数的微元之间的关系式,然后利用取极限的方法得到微分方程,或通过任意区域上取积分的方法来建立微分方程.

在对实际问题建立微分方程模型的过程中,往往是上述方法的综合应用.不论应用哪种方法,都要根据实际情况,做出一定的假设与简化,并要把模型的理论或计算结果与实际情况进行对照验证,从而不断改进模型,使之更准确地符合实际情况.模型一定要在实践中进行检验与修正,直到符合实际情况为止.

下面通过具体案例来建立微分方程模型,大家可从中理解与掌握微分方程的建模方法.

4.2.1 导弹追踪问题

例1 设位于坐标原点的甲舰向位于 x 轴上点 $A(1,0)$ 处的乙舰发射导弹,导弹头始终对准乙舰.如果乙舰以最大的速度 v_0(常数)沿平行于 y 轴的直线行驶,导弹的速度是 $5v_0$,求导弹运行的曲线方程.乙舰行驶多远时,导弹将它击中?

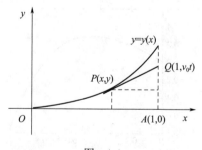

图 4-4

解 假设 t 时刻导弹的位置为 $P(x(t),y(t))$,乙舰位于 $Q(1,v_0 t)$.

由于导弹头始终对准乙舰,故此时直线 PQ 就是导弹的轨迹曲线弧 OP 在点 P 处的切线,如图4-4所示,即有

$$y' = \frac{v_0 t - y}{1 - x}$$

$$v_0 t = (1-x)y' + y \tag{4-1}$$

又根据题意,弧 OP 的长度为 $|AQ|$ 的5倍,即

$$\int_0^x \sqrt{1+y'^2}\, dx = 5v_0 t \tag{4-2}$$

由式(4-1),式(4-2)消去 t,再求导得模型

$$(1-x)y'' = \frac{1}{5}\sqrt{1+y'^2} \tag{4-3}$$

初值条件为 $y(0)=0, y'(0)=0$.

1. 模型解法一(解析法)

令 $y'=p, y''=p'$,式(4-3)变为

$$(1-x)\frac{\mathrm{d}p}{\mathrm{d}x} = \frac{1}{5}\sqrt{1+p^2}$$

变量分离,两边积分得

$$p + \sqrt{1+p^2} = (1-x)^{-1/5}$$

$$-p + \sqrt{1+p^2} = \frac{1}{p+\sqrt{1+p^2}} = (1-x)^{1/5}$$

两式相减,得

$$p = \frac{1}{2}\left[(1-x)^{-\frac{1}{5}} - (1-x)^{\frac{1}{5}}\right]$$

代入 $\dfrac{\mathrm{d}y}{\mathrm{d}x} = p$,解得导弹的运行轨迹

$$y = -\frac{5}{8}(1-x)^{\frac{4}{5}} + \frac{5}{12}(1-x)^{\frac{6}{5}} + \frac{5}{24}$$

当 $x=1$ 时 $y=\dfrac{5}{24}$,即当乙舰航行到点 $\left(1, \dfrac{5}{24}\right)$ 处时被导弹击中. 被击中的时间为 $t = \dfrac{y}{v_0} = \dfrac{5}{24 v_0}$. 比如,当 $v_0 = 1$ 时则在 $t = 0.21$ 时被击中.

画出导弹轨迹的程序代码如下:

```
clear
x=0:0.01:1;
y=-5*(1- x).^(4/5)/8+ 5*(1- x).^(6/5)/12+ 5/24;
plot(x,y,'*')
```

2. 模型解法二(数值解法)

令 $y = y_1, y' = y_2$,将方程(4-3)化为一阶微分方程组

$$\begin{cases} y_1' = y_2 \\ y_2' = \dfrac{1}{5}\sqrt{1+y_1^2}/(1-x) \end{cases}$$

建立一阶微分方程组右端项的函数文件 daodan.m:

```
function dy=daodan(x,y)
dy=[y(2);1/5*sqrt(1+ y(1)^2)/(1-x)];
```

取 x0=0,xf=0.9999,建立主程序如下:

```
x0=0,xf=0.9999
[x,y]=ode15s('daodan',[x0 xf],[0 0]);
plot(x,y(:,1))
hold on
y1=0:0.01:y(end,1);
plot(1,y1,'.')
axis([0,1.2,0,0.3])
```

结论:导弹大致在(1,0.21)处击中乙舰,航行轨迹如图 4-5 所示.

4.2.2 地中海鲨鱼问题

例 2 意大利生物学家 Ancona 曾致力于鱼类种群相互制约关系的研究,从第一次世界大战期间,地中海各港口几种鱼类捕获量的资料中,他发现鲨鱼等所占的比例有明显增加(见表 4-1),而供其捕食的食用鱼的比例却明显下降.战争通常会使人们的捕鱼量下降,从而导致鲨鱼的食用鱼增加,鲨鱼等也会随之增加,但为何某一时期鲨鱼的比例会更大幅增加呢?

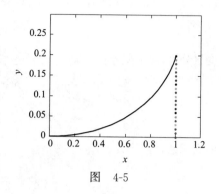

图 4-5

表 4-1

年代	1914	1915	1916	1917	1918
百分比	11.9	21.4	22.1	21.2	36.4
年代	1919	1920	1921	1922	1923
百分比	27.3	16.0	15.9	14.8	19.7

他无法解释这个现象,于是求助于著名的意大利数学家 V. Volterra,希望建立一个食饵-捕食系统的数学模型,定量地回答这个问题.

1. 符号说明

$x_1(t)$ 为食饵在 t 时刻的数量;$x_2(t)$ 为捕食者在 t 时刻的数量;r_1 为食饵独立生存时的增长率;r_2 为捕食者独自存在时的死亡率;λ_1 为捕食者掠取食饵的能力;λ_2 为食饵对捕食者的供养能力;e 为捕获能力系数.

2. 基本假设

(1)由于捕食者的存在使食饵增长率降低,假设降低的程度与捕食者数量成正比;

(2)捕食者由于食饵为它提供食物,其死亡率受其影响,假定增长的程度与食饵数量成正比.

3. 食饵-捕食系统的数学模型

$$\begin{cases} \dfrac{dx_1}{dt}=x_1(r_1-\lambda_1 x_2) \\ \dfrac{dx_2}{dt}=x_2(-r_2+\lambda_2 x_1) \end{cases}$$

该模型反映了在没有人工捕获的自然环境中食饵与捕食者之间的制约关系,没有考虑食饵和捕食者自身的阻滞作用,这是 V. Volterra 提出的最简单的模型.

4. 模型求解

针对一组具体的数据用 MATLAB 软件求其数值解.

设食饵和捕食者的初始数量分别为 $x_1(0)=x_{10},x_2(0)=x_{20}$,对于数据 $r_1=1,\lambda_1=0.1,r_2=0.5,\lambda_2=0.02,x_{10}=25,x_{20}=2,t$ 的终值经试验后确定为 15,即

$$\begin{cases} \dfrac{dx_1}{dt}=x_1(1-0.1x_2)\\[2mm] \dfrac{dx_2}{dt}=x_2(-0.5+0.02x_1)\\[2mm] x_1(0)=25\\ x_2(0)=2 \end{cases}$$

首先,建立微分方程的函数文件 shier.m 如下:

```
function dx=shier(t,x)
dx= zeros(2,1);
dx(1)=x(1)*(1-0.1*x(2));
dx(2)=x(2)*(-0.5+ 0.02*x(1));
```

其次,建立主程序文件 shark.m 如下:

```
[t,x]=ode45('shier',[0 15],[25 2]);
plot(t,x(:,1),'-',t,x(:,2),'*')    %食饵和捕食者随时间的变化曲线如图 4-6 所示
plot(x(:,1),x(:,2))                %捕食者与食饵的关系如图 4-7 所示
```

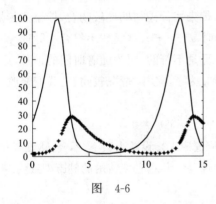
图 4-6

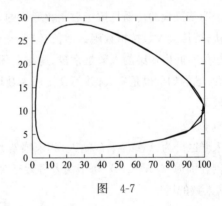
图 4-7

从图 4-6 看出,随着食饵的数量快速增长,捕食者数量也增长. 食饵开始减少,但由于延后性,捕食者数量还在增加. 由于系统的惯性,食饵开始严重减少,捕食者相应地开始减少. 此时捕食者继续严重减少,食饵开始慢慢增加,又回到初始点.

4.3 传染病模型

一种疾病的传播是一种非常复杂的过程,它受很多社会因素的制约和影响,如传染病人的多少易受传染者的多少、传染率的大小、排除率的大小、人的出生和死亡、人员的迁入和迁出、潜伏期的长短、预防疾病的宣传以及人的个体差异等影响. 长期以来,建立传染病的数学模型来描述传染病的传播过程,分析感染人数的变化规律,预报传染病高潮到来的时刻,探索制止传染病的蔓延的手段等,一直是各国有关专家关注的课题.

如何建立一个与实际比较吻合的数学模型至关重要. 这个过程不是一蹴而就的,需要不断地修正模型直到符合实际情况为止. 如果将所有因素都考虑进去,建模会很困难. 为此,必须从诸多

因素中抓住主要因素,去掉次要因素,首先把问题简化,建立一个简单的数学模型. 其次,将模型所得结果与实际比较,找出不一致的地方,修改原有假设,增加新的影响因素,再建立一个与实际情况比较吻合的模型,从而使模型逐步完善. 经过多次修改,模型才得到完善,与实际情况相符合.

4.3.1 传染病模型的建立

下面以传染病问题为例,演示一个由简单到复杂的建模过程. 传染病问题是一个很典型的微分方程模型,案例很有代表性,读者应从中体会这一建模过程的方法和思路.

1. 指数传播模型

设时刻 t 的病人数 $i(t)$ 是连续可微函数,$i(0)=i_0$. 平均每个病人每天有效接触(足以致病)的人数是常数 λ,考察 t 到 $t+\Delta t$ 病人数的增加,有

$$i(t+\Delta t)-i(t)=\lambda i(t)\Delta t$$

得微分方程

$$\frac{\mathrm{d}i}{\mathrm{d}t}=\lambda i,\quad i(0)=i_0$$

解为 $i(t)=i_0 e^{\lambda t}$.

这表明传染病的传播是按指数函数增加的,与传染病传播初期比较吻合,传染病传播初期,传播很快,被传染人数按指数函数增长. 但当 $t\to\infty$ 时,$i(t)\to\infty$,这显然不符合实际情况. 假设每个病人单位时间内传染的人数是常数,这与实际情况是不符的,因为随着时间的推移,病人越来越多,而接触的如果也是病人,并不会使病人数增加. 为了与实际情况较吻合,我们修改假设,建立新的模型.

2. SI 模型

将人群区分为已感染者 I(病人)和未感染者 S(健康人). 设总人数 N 不变,感染者和未感染者的比例分别为 $i(t)$ 和 $s(t)$. 每个病人每天有效接触人数为 λ,且使接触的健康人致病. 考察 t 到 $t+\Delta t$ 病人数的增量,有

$$N[i(t+\Delta t)-i(t)]=[\lambda s(t)]Ni(t)\Delta t$$

得微分方程

$$\begin{cases}\dfrac{\mathrm{d}i}{\mathrm{d}t}=\lambda i(1-i)\\ i(0)=i_0\end{cases}$$

其解为

$$i(t)=\frac{1}{1+\left(\dfrac{1}{i_0}-1\right)e^{-\lambda t}}$$

此模型是 logistic 阻滞增长模型,当 $i=\dfrac{1}{2}$,$t=t_m=\lambda^{-1}\ln\left(\dfrac{1}{i_0}-1\right)$ 时,$\dfrac{\mathrm{d}i}{\mathrm{d}t}=\dfrac{1}{4}\lambda$ 达到最大值,传染病高潮到来,随后病人的增长速度越来越慢. 可以看出,λ 越小,高潮到来的时刻 t_m 越晚. 另一方面,$t\to\infty$ 时,$i(t)\to 1$,这与现实情况不符,其原因是没有考虑到病人可以痊愈,所以提出第三个模型.

3. SIS 模型

假设传染病无免疫性,病人治愈成为健康人,健康人可再次被感染. 每天治愈病人的比例为 μ, 考察 t 到 $t+\Delta t$ 病人数的增量,有

$$N[i(t+\Delta t)-i(t)]=\lambda Ns(t)i(t)\Delta t-\mu Ni(t)\Delta t$$

得微分方程

$$\begin{cases} \dfrac{\mathrm{d}i}{\mathrm{d}t}=\lambda i(1-i)-\mu i \\ i(0)=i_0 \end{cases}$$

即

$$\begin{cases} \dfrac{\mathrm{d}i}{\mathrm{d}t}=-\lambda i\left[i-\left(1-\dfrac{1}{\sigma}\right)\right] \\ i(0)=i_0 \end{cases}$$

其中 $\sigma=\lambda/\mu$ 是整个传染期内每个病人有效接触的平均人数,称为接触数.

$$\dfrac{\mathrm{d}i}{\mathrm{d}t}=-\lambda i\left[i-\left(1-\dfrac{1}{\sigma}\right)\right]=-\lambda i^2+\lambda i\left(1-\dfrac{1}{\sigma}\right)$$

根据 $\sigma>1$ 和 $\sigma\leqslant 1$ 的情况分别对解进行讨论. 当 $\sigma\leqslant 1$ 时, $\dfrac{\mathrm{d}i}{\mathrm{d}t}\leqslant 0$, 病人比例数 $i(t)$ 是减函数; 当 $\sigma>1$ 时, $\dfrac{\mathrm{d}i}{\mathrm{d}t}$ 是 i 的二次函数,病人增速是先快后慢,病人数量的变化与初值 i_0 有关. 根据具体参数的值,可以利用 MATLAB 计算病人数并作图来了解传染病的详细发展规律.

4. SIR 模型

某些传染病有免疫性,病人治愈后就具有抗体不再被传染,从而移出感染系统. 假设总人数 N 不变,病人、健康人和移出者的比例分别为 $i(t),s(t),r(t)$. 病人的日接触率为 λ, 日治愈率为 μ, 接触数 $\sigma=\lambda/\mu$.

因为 $s(t)+i(t)+r(t)=1$, 所以只需要建立 $i(t),s(t)$ 的微分方程即可. 考察 t 到 $t+\Delta t$ 病人和健康人数的变化,有

$$N[i(t+\Delta t)-i(t)]=\lambda Ns(t)i(t)\Delta t-\mu Ni(t)\Delta t$$
$$N[s(t+\Delta t)-s(t)]=-\lambda Ns(t)i(t)\Delta t$$

得到微分方程

$$\begin{cases} \dfrac{\mathrm{d}i}{\mathrm{d}t}=\lambda si-\mu i \\ \dfrac{\mathrm{d}s}{\mathrm{d}t}=-\lambda si \\ i(0)=i_0 \\ s(0)=s_0 \end{cases}$$

其中初期移出者占的比例很小, $i_0+s_0\approx 1, r_0\approx 0$.

4.3.2 传染病模型的求解

上面的 SIR 模型中,微分方程组无法求出 $i(t),s(t)$ 解析解,可先求出其数值解,再在相平面

上研究解的性质.

取参数值为 $\lambda=1, \mu=0.3, i(0)=0.02, s(0)=0.98$，用 MATLAB 求微分方程的数值解，作 $i(t), s(t)$ 的变化曲线和相轨线.

1. 微分方程的求解程序

建立微分方程组的函数文件：

```
function dy=ill(t,y)
dy=[y(1) * y(2)- 0.3 * y(1);- y(1) * y(2)];
```

求微分方程的数值解及作图的程序代码：

```
ts=[0,50]
y0=[0.02,0.98]
[t,y]=ode45('ill',ts,y0);
plot(t,y(:,1),t,y(:,2)),grid
gtext('i(t)'),gtext('s(t)')
figure
plot(y(:,2),y(:,1)),grid
xlabel('s'),ylabel('i')
```

所得 $i(t), s(t)$ 变化曲线如图 4-8 所示，相轨线 $i(s)$ 如图 4-9 所示.

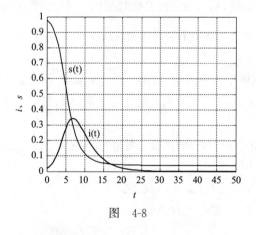

图 4-8

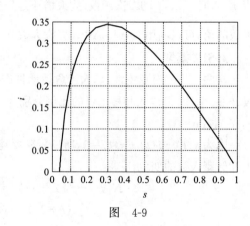

图 4-9

2. 分析疾病的变化规律

从图 4-8 看出，病人占比 $i(t)$ 从初值增长到最大再减小，当 $t \to \infty$ 时 $i \to 0$，而健康人的比例 $s(t)$ 始终单调减小，$t \to \infty$ 时 $s \to 0.04$.

在微分方程组中消去 dt，得到相轨线的方程.

$$\begin{cases} \dfrac{di}{ds}=\dfrac{1}{\sigma s}-1 \\ i|_{s=s_0}=i_0 \end{cases}$$

解得

$$i(s)=(s_0+i_0)-s+\dfrac{1}{\sigma}\ln\dfrac{s}{s_0}$$

式中,$s\geq 0, i\geq 0, s+i\leq 1$.

相轨线具有以下性质:

(1)若$s_0 > 1/\sigma$,则当$s = 1/\sigma$时,$i = i_m$最大,病人数量先增加再减少至零,所以传染病有一个蔓延期;若$s_0 \leq 1/\sigma$,$i(t)$单调减小至零,传染病不蔓延.$1/\sigma$是一个阈值.

(2)最终未被感染的健康人的比例是s_∞,它可以由以下方程解得

$$i_\infty = (s_0 + i_0) - s_\infty + \frac{1}{\sigma}\ln\frac{s_\infty}{s_0} = 0$$

3. 预防传染病的措施

由相轨线的性质(1),传染病不蔓延的条件是$s_0 \leq 1/\sigma$,可得预防传染病蔓延的手段:

(1)提高阈值$1/\sigma$,即降低$\sigma = \lambda/\mu$.因此要提高居民卫生水平、防病意识和隔离措施,降低有效接触率λ,同时提高医疗水平,提升治愈率μ.

(2)降低初期未感染的健康人比例s_0.因为$s_0 + i_0 + r_0 = 1$,所以通过群体免疫使初始时刻移出者比例r_0增加,减少s_0.如$r_0 > 1 - 1/\sigma$时,就可以制止传染病的蔓延.

为了寻找最优的解决方案,对于不同的参数值用计算机进行数值模拟,结果见表4-2.从数据可以看出,降低有效接触率λ,提升治愈率μ,提高阈值$1/\sigma$,是有效的预防措施.

表 4-2

λ	μ	$1/\sigma$	s_0	i_0	s_∞	i_∞
1	0.3	0.3	0.98	0.02	0.039 8	0.344 9
0.6	0.3	0.5	0.98	0.02	0.196 5	0.163 5
0.5	0.5	1.0	0.98	0.02	0.812 2	0.020 0
0.4	0.5	1.25	0.98	0.02	0.917 2	0.020 0
λ	μ	$1/\sigma$	s_0	i_0	s_∞	i_∞
1	0.3	0.3	0.70	0.02	0.084 0	0.168 5
0.6	0.3	0.5	0.70	0.02	0.305 6	0.051 8
0.5	0.5	1.0	0.70	0.02	0.652 8	0.020 0
0.4	0.5	1.25	0.70	0.02	0.675 5	0.020 0

传染病模型是很经典的微分方程模型,其建模、求解和分析过程很有代表性.通过该案例,大家进一步理解与掌握利用微分方程解决实际问题的方法.对传播过程进行数学描述,列出一小段时间内病人数量的变化方程,推导出微分方程.在建立传染病模型的过程中,我们先建立了最简单的模型,然后不断改进,最终得到符合实际的模型.利用数值计算与理论分析相结合,给出问题的答案.并进行深入分析,预测传染病高潮的到来时刻,给出预防传染病的措施.这种解决问题的方法和思路是非常重要的,有广泛的应用价值.

4.4 建模案例:人口增长的预测问题

本节先介绍人口增长模型的发展历史,在不同的发展阶段,人口增长规律不同,对应着不同的模型。随着问题的发展变化,模型需要与时俱进,不时修正,直至符合实际情况.最后研究如何利用人口数据对未来人口进行预测.

4.4.1 人口增长模型

1. 问题提出

纵观人类人口总数的增长情况,我们发现:1 000 年前人口总数为 2.75 亿. 经过漫长的过程,人口总数在 1830 年、1930 年、1960 年、1975 年、1987 年、1999 年、2011 年、2022 年分别达到了 10 亿、20 亿、30 亿、40 亿、50 亿、60 亿、70 亿、80 亿. 我们自然会产生这样一个问题:人类人口增长的规律是什么? 如何在数学上描述这一规律.

2. Malthus 模型

1789 年,英国 Malthus 在分析了一百多年人口统计资料之后提出了 Malthus 模型.

(1) 模型假设.

设 $x(t)$ 表示 t 时刻的人口数,且 $x(t)$ 连续可微. 假设人口的增长率 r 是常数(增长率=出生率-死亡率). 假设人口数量的变化是封闭的,不考虑人口的流动,即人口数量的增加与减少只取决于人口中个体的生育和死亡,且每一个体都具有同样的生育能力与死亡率.

(2) 模型建立与求解.

由假设,t 时刻到 $t+\Delta t$ 时刻人口的增量为

$$x(t+\Delta t)-x(t)=rx(t)\Delta t$$

得到

$$\begin{cases} \dfrac{\mathrm{d}x}{\mathrm{d}t}=rx \\ x(t_0)=x_0 \end{cases} \tag{4-4}$$

其解为

$$x(t)=x_0 \mathrm{e}^{r(t-t_0)} \tag{4-5}$$

(3) 模型检验与评价.

1961 年世界人口总数为 3.06×10^9. 在 1961~1970 年,每年的平均人口自然增长率为 2%,则式(4-5)可写为

$$x(t)=3.06\times 10^9 \mathrm{e}^{0.02(t-1961)} \tag{4-6}$$

根据 1700—1961 年间世界人口统计数据,我们发现这些数据与式(4-6)的计算结果相当符合. 因为在这期间地球上人口大约每 35 年增加 1 倍,而由式(4-6)算出每 34.6 年增加 1 倍.

利用式(4-6)对世界人口进行预测,绘制人口增长曲线如图 4-10 所示,得出惊异的结论,从当时往后几十年人口数量会达到几万亿. 显然用这一模型进行预测的结果远高于实际人口增长,误差的原因是对增长率的估计过高. 由此,人们对"假设增长率是常数"提出了质疑,从而对模型进行改进,提出了下面的阻滞增长模型.

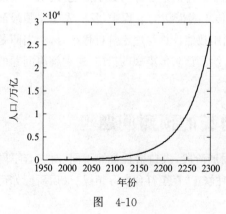

图 4-10

代码如下:

```
>> t=1960:2300;
>> x=30.6*exp(0.02*(t-1961));
>> plot(t,x)
```

3. 阻滞增长模型(Logistic 模型)

如何对增长率 r 进行修正呢？由于地球上的资源是有限的，它只能提供一定数量的生命生存所需的条件. 随着人口数量的增加，自然资源、环境条件等对人口再增长的限制作用将越来越显著. 如果在人口较少时，可以把增长率 r 看成常数，那么当人口增加到一定数量之后，就应当视 r 为一个随着人口的增加而减小的量，即将增长率 r 表示为人口 $x(t)$ 的函数 $r(x)$，且 $r(x)$ 为 x 的减函数.

(1)模型假设.

假设人口增长率 $r(x)$ 为 x 的线性减函数，$r(x)=r_0-sx$（为了方便用线性函数）. 假设自然资源与环境条件所能容纳的最大人口数为 x_m，即当 $x=x_m$ 时，增长率 $r(x_m)=0$.

(2)模型建立与求解.

由假设条件可得 $r(x)=r_0\left(1-\dfrac{x}{x_m}\right)$，则有

$$\begin{cases}\dfrac{\mathrm{d}x}{\mathrm{d}t}=r_0\left(1-\dfrac{x}{x_m}\right)x \\ x(t_0)=x_0\end{cases} \tag{4-7}$$

式(4-7)是一个可分离变量的微分方程，其解为

$$x(t)=\dfrac{x_m}{1+\left(\dfrac{x_m}{x_0}-1\right)\mathrm{e}^{-r_0(t-t_0)}} \tag{4-8}$$

阻滞增长函数 $x(t)$ 的曲线是一条 S 形曲线，增加得先快后慢，拐点在 $x=x_m/2$ 处，当 $t\to\infty$ 时 $x\to x_m$. 增长率 $\dfrac{\mathrm{d}x}{\mathrm{d}t}$ 和函数 $x(t)$ 的曲线如图 4-11 所示.

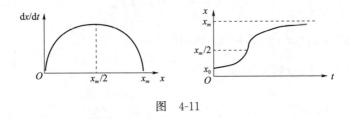

图 4-11

(3)模型检验

由式(4-7)，计算可得

$$\dfrac{\mathrm{d}^2x}{\mathrm{d}t^2}=r_0^2\left(1-\dfrac{x}{x_m}\right)\left(1-\dfrac{2x}{x_m}\right)x \tag{4-9}$$

人口总数 $x(t)$ 有如下规律：

①$\lim\limits_{t\to\infty}x(t)=x_m$，即无论人口初值 x_m 如何，人口总数以 x_m 为极限.

② 当 $0 < x_0 < x_m$ 时,$\frac{dx}{dt} = r_0\left(1 - \frac{x}{x_m}\right)x > 0$,这说明 $x(t)$ 是单调增加的,又由式(4-9)知:当 $x < \frac{x_m}{2}$ 时,$\frac{d^2x}{dt^2} > 0$,$x = x(t)$ 为凹;当 $x > \frac{x_m}{2}$ 时,$\frac{d^2x}{dt^2} < 0$,$x = x(t)$ 为凸.

③ 人口变化率 $\frac{dx}{dt}$ 在 $x = \frac{x_m}{2}$ 时取到最大值,即人口总数达到极限值一半以前是加速生长时期,经过这一点之后,生长速率会逐渐变小,最终达到零.

与 Malthus 模型一样,代入一些实际数据进行验算. 1790 年对应的数据为 $t_0 = 0$,$x_0 = 3.9 \times 10^6$,$x_m = 197 \times 10^6$,$r_0 = 0.313\,4$,则可以利用历史数据验证,1790 年到 1930 年,计算结果与实际数据都能较好地吻合. 但是在 1930 年之后,计算与实际偏差较大. 原因之一是 60 年代的实际人口已经突破了假设的极限人口 x_m. 由此可知,本模型的缺点之一就是不易确定 x_m,因为不同年代社会生产力水平不同,所容纳的人口数量不一样.

4. 模型推广

可以从另一个角度导出阻滞增长模型,在 Malthus 模型上设 $r(x)$ 为 x 的一般线性减函数,$r(x) = a - bx(a, b > 0)$. 如果一个国家工业化程度较高,食品供应较充足,能够供更多的人生存,此时 b 较小;反之 b 较大,故建立方程

$$\begin{cases} \frac{dx}{dt} = x(a - bx), \\ x(t_0) = x_0 \end{cases} \quad (a, b > 0) \quad (4\text{-}10)$$

其解为

$$x(t) = \frac{ax_0}{bx_0 + (a - bx_0)e^{-a(t - t_0)}} \quad (4\text{-}11)$$

由式(4-11),得

$$\frac{d^2x}{dt^2} = (a - 2bx)(a - bx)x \quad (4\text{-}12)$$

对式(4-10)、式(4-11)、式(4-12)进行分析,有

(1) 对任意 $t > t_0$,有 $x(t) > 0$,且 $\lim\limits_{t \to +\infty} x(t) = \frac{a}{b}$.

(2) 当 $0 < x < \frac{a}{b}$ 时,$x'(t) > 0$,$x(t)$ 递增;当 $x = \frac{a}{b}$ 时,$x'(t) = 0$;当 $x(t) > \frac{a}{b}$ 时,$x'(t) < 0$,$x(t)$ 递减.

(3) 当 $0 < x < \frac{a}{2b}$ 时,$x''(t) > 0$,$x(t)$ 为凹函数,当 $\frac{a}{2b} < x < \frac{a}{b}$ 时,$x'' < 0$,$x(t)$ 为凸函数.

令式(4-10)第一个方程的右边为 0,得 $x_1 = 0$,$x_2 = \frac{a}{b}$,称它们是微分方程(4-10)的平衡解. 易知 $\lim\limits_{t \to +\infty} x(t) = \frac{a}{b}$,故又称 $\frac{a}{b}$ 是式(4-10)的稳定平衡解. 不论人口开始的数量 x_0 为多少,经过相当

长的时间后，人口总数将稳定在$\frac{a}{b}$.

4.4.2 人口增长的预测问题

扫一扫

人口增长的
预测问题

正确认识人口数量的变化规律，建立人口模型，做出较准确的预报，是有效控制人口增长的前提．利用表 4-3 给出的近两个世纪的某国人口统计数据（以百万为单位），建立人口预测模型，最后用它预报 2030 年该国的人口．

表 4-3

年份	1790	1800	1810	1820	1830	1840	1850	1860
人口	3.9	5.3	7.2	9.6	12.9	17.1	23.2	31.4
年份	1870	1880	1890	1900	1910	1920	1930	1940
人口	38.6	50.2	62.9	76.0	92.0	106.5	123.2	131.7
年份	1950	1960	1970	1980	1990	2000	2010	2020
人口	150.7	179.3	204.0	226.5	251.4	281.4	309.3	331.5

解 记 $x(t)$ 为第 t 年的人口数量，假设人口年增长率 $r(x)$ 为 x 的线性减函数，$r(x)=r-sx$. 假设自然资源与环境条件所能容纳的最大人口数为 x_m，即当 $x=x_m$ 时，增长率 $r(x_m)=0$，可得 $r(x)=r\left(1-\dfrac{x}{x_m}\right)$，建立 Logistic 人口模型．

$$\begin{cases}\dfrac{\mathrm{d}x}{\mathrm{d}t}=r\left(1-\dfrac{x}{x_m}\right)\\ x(t_0)=x_0\end{cases}$$

其解为

$$x(t)=\dfrac{x_m}{1+\left(\dfrac{x_m}{x_0}-1\right)\mathrm{e}^{-r(t-t_0)}} \tag{4-13}$$

把表中的全部数据保存为纯文本文件 data.txt．

式(4-13)中参数 x_m，r 未知，所以先用拟合的方法求得参数值，再利用式(4-13)进行预测．下面分别用两种方法求得参数值．

1. 非线性最小二乘拟合法

把表中第一个数据作为初始条件，利用余下的数据拟合式(4-13)中的参数 x_m 和 r，编写程序代码如下：

```
clc,clear
a=textread('data.txt');    %把原始数据保存在纯文本文件 data.txt 中
x=a([2:2:6],:)';           %提出人口数据
x=(x:);                    %变成列向量
t=[1790:10:2020]';
t0=t(1);x0= x(1);
fun=@ (cs,td)cs(1) ./(1+ (cs(1)/x0-1) * exp(-cs(2) * (td-t0)));
cs=lsqcurvefit(fun,rand(2,1),t(2:end),x(2:end),zeros(2,1))
xhat=fun(cs,[t;2030])      %预测已知年代和 2030 年的人口
plot(t,x,'*',[t;2030],xhat)
```

求得 $x_m = 392.4236$，$r = 0.0264$，2030 年人口数量的预测值为 334.13 百万. 已知人口数据点和拟合曲线如图 4-12 所示.

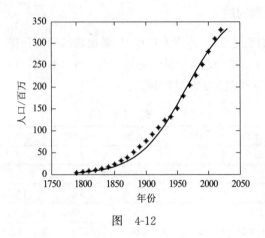

图 4-12

2. 线性最小二乘法拟合法

为了利用线性最小二乘法拟合这个模型中的参数 x_m 和 r，把 Logistic 方程表示为

$$\frac{1}{x} \cdot \frac{dx}{dt} = r - sx, \quad s = \frac{r}{x_m} \tag{4-14}$$

利用向后差分，得到差分方程

$$\frac{x(k) - x(k-1)}{\Delta t} \cdot \frac{1}{x(k)} = r - sx(k), \quad k = 2, 3, \cdots, 22 \tag{4-15}$$

其中步长 $\Delta t = 10$，下面拟合其中的参数 r 和 s.

```
clc,clear
a=textread('data.txt');
x=a([2:2:6],:)';x=(x:);
t=[1790:10:2020]';
a=[ones(23,1), -x(2:end)];
b=diff(x)./x(2:end)/10;
cs=a\b;
r=cs(1),xm=r/cs(2)
```

求得 $x_m = 373.5135$，$r = 0.0247$.

从上面两种拟合方法可以看出，拟合同样的参数，方法不同结果可能相差很大.

习 题

1. 求以下微分方程初值问题的特解：

$$(1+x^2)y' + 2xy = xe^{x^2}, \quad y(0) = -\frac{1}{2}$$

2. 求微分方程 $y'' + 2y' - 3y = 0, y(0) = 1, y'(0) = 0$ 的解析解.

3. 牛顿冷却定律:将温度为 x 的物体放入温度为 m 的介质中,则该物体的冷却率正比于物体温度与周围介质温度的差. 把读数为 25 ℃ 的温度计放到室外,20 min 后读数为 28.2 ℃,再过 20 min 读数为 30.32 ℃. 设温度计在 t 时刻的温度为 $x(t)$,建立温度变化规律的数学模型,并求室外温度.

4. 求微分方程的解析解:
$$\begin{cases} \dfrac{d^2y}{dx^2}+3\dfrac{dy}{dx}+y=0 \\ y(0)=1 \\ y'(0)=4 \end{cases}$$

5. 求以下微分方程数值解,t 的取值范围为 $[0,100]$,并画出函数图像:
$$\begin{cases} \dfrac{d^2x}{dt^2}-x^2\dfrac{dx}{dt}+5x=0 \\ x(0)=1 \\ x'(0)=0 \end{cases}$$

6. 求以下微分方程组的数值解:
$$\begin{cases} y_1'=y_1+3y_3 \\ y_2'=xy_1-y_2 \\ y_1(0)=0 \\ y_2(0)=1 \end{cases}$$

7. 求以下微分方程的数值解,画出函数及其导函数的图形:
$$y''+y+\sin 2x=0,\ y(\pi)=1,\ y'(\pi)=1$$

8. 一个容器用一薄膜分成容积为 V_A 和 V_B 的两部分,分别装入同一物质不同浓度的溶液. 设该物质分子能穿透薄膜由高浓度部分向低浓度部分扩散,扩散速度与两部分浓度差成正比,比例系数称为扩散系数. 试建立描述容器中溶液浓度变化的数学模型. 设 $V_A=V_B=1\ m^3$,每隔 100 s 测量其中一部分溶液的浓度共 10 次,具体数据为 454,499,535,565,590,610,626,650,659,单位为 mol/m^3. 试建立模型求扩散系数,并计算 2 h 后两部分溶液的浓度各为多少.

9. 列车在平直线路上以 20 m/s 的速度行驶;当制动时列车获得加速度 $-0.4\ m/s^2$. 问开始制动后多长时间列车才能停住,以及列车在这段时间里行驶了多远?

第 5 章 数学规划

运筹学是近代应用数学的一个分支,主要是将生产、管理等事件中出现的一些具有普遍性的运筹问题加以提炼,然后利用数学方法进行解决. 运筹学作为一门用来解决实际问题的学科,在处理各种问题时,一般有以下几个步骤:确定目标、约束条件、制定方案、建立模型和制定解法. 在运筹学的发展过程中形成了线性规划、非线性规划、整数规划、目标规划、图论、网络流、决策分析、排队论、库存论、博弈论等分支,并能用于解决较广泛的实际问题. 随着科学技术和生产力的发展,运筹学已渗入很多领域,发挥着越来越重要的作用.

数学规划主要包括线性规划、整数规划、非线性规划、目标规划和动态规划等内容,在生产、运输、工程优化设计、经济管理等方面有着十分广泛的应用. 本章主要通过一些实例讲解数学规划模型的建模方法,学会对案例进行问题分析,根据实际问题提出目标函数和约束条件,建立数学规划模型并编写 LINGO 程序进行求解.

5.1 数学规划的 LINGO 求解

在运筹学中,许多优化问题都可以转化为数学规划模型:

$$\min f(\boldsymbol{x})$$
$$\text{s. t.} \begin{cases} g_i(\boldsymbol{x}) \geqslant 0 & i=1,2,\cdots,m \\ h_j(\boldsymbol{x}) = 0 & j=1,2,\cdots,l \end{cases}$$

其中,$\boldsymbol{x}=(x_1,x_2,\cdots,x_n)^{\mathrm{T}} \in \mathbf{R}^n$,表示 $\boldsymbol{x}$ 是 n 维欧氏空间 $\mathbf{R}^n$ 的向量或点,f,g,h_j 是定义在 $\mathbf{R}^n$ 上的实值函数.

根据目标函数和约束条件将数学规划划分为不同的类型. 如果目标函数或约束条件中都是一次函数,则称为线性规划问题. 如果目标函数或约束条件中至少有一个是非线性函数,则称为非线性规划问题. 如果线性规划中决策变量 x 是整数,则称为整数规划,特别地 x 只取 0 或 1,则称为 0-1 规划.

不同的数学规划采用的求解方法也不同. 其中线性规划求解比较简单,利用单纯形法能够得到整体最优解;非线性规划用迭代法求解,求解复杂且经常得到的是局部最优解;整数规划常用割平面法和分支定界方法求解,计算量非常大,当整数变量个数较多时用时很长. 数学规划模型可以用 LINGO 软件和 MATLAB 软件求解.

LINGO 软件是用于求解数学规划问题的优化计算软件包,可以用来求解线性、非线性和整数规划问题. 它内置了一种建立最优化模型的语言,可以简便地表达大规模问题. 由运筹学理论知道,不同数学规划模型求解方法的计算复杂性是不同的,整数规划比实数连续规划复杂,非线性规划比线性规划复杂,而且相差悬殊. 建立简单的数学模型是计算机快速求解的前提,所以在建立优化模型时,需要注意以下几个基本问题:

(1) 尽量使用实数优化,减少整数约束和整数变量.

(2) 尽量使用光滑优化,减少非光滑约束的个数,如:尽量少使用绝对值、符号函数、多个变量求最大/最小值、四舍五入、取整函数等.

(3) 尽量使用线性模型,减少非线性约束和非线性变量的个数,如 x/y＜5 改为 x＜5y.

(4) 合理设定变量上下界,尽可能给出变量初始值. 对非线性规划,给定一个好的初值,便于找到全局最优解,否则可能只得到一个局部最优解.

(5) 模型中使用的参数数量级要适当(如小于 10^3),选取适当的单位使数据大小适中.

5.1.1 LINGO 程序举例

当在 Windows 操作系统下开始运行 LINGO 系统时,打开的界面如图 5-1 所示.

外层是主框架窗口,包含了所有菜单命令和工具条,其他所有的窗口将被包含在主窗口之下. 在主窗口内的标题为 LINGO Model-LINGO1 的窗口是 LINGO 的默认模型窗口,建立的模型都需要在该窗口内编码实现.

图 5-1 LINGO 系统界面

例 1 如何在 LINGO 中求解如下 LP 问题

$$\min(2x_1+3x_2)$$
$$\text{s.t.} \begin{cases} x_1+x_2 \geqslant 350 \\ x_1 \geqslant 100 \\ 2x_1+x_2 \leqslant 600 \\ x_1, x_2 \geqslant 0 \end{cases}$$

在模型窗口中输入如下代码:

```
min=2*x1+3*x2;
x1+x2>350;
x1>100;
2*x1+x2<600;
```

然后单击工具条上的 按钮即可.

运行程序得到全局最优解为 $x_1=250, x_2=100$,目标函数最优值为 800.

注意: LINGO 中默认所有变量都是非负的,不区分变量中的大小写字符,约束条件中的"＜＝"及"＞＝"可用"＜"及"＞"代替,注释是使用"!"引导的. LINGO 中矩阵数据是逐行存储的,MATLAB 中数据是逐列存储的.

例 2 使用 LINGO 软件计算 6 个发点 8 个收点的最小运输费用问题,各产地的产量及到各销地的单位运价见表 5-1. B1～B8 各销地的销量分别为 35、37、22、32、41、32、43、38(单位为 t).

表 5-1

产地	各产地的产量/t	到各销地的单位运价/(元·件$^{-1}$)							
		B_1	B_2	B_3	B_4	B_5	B_6	B_7	B_8
A_1	60	6	2	6	7	4	2	5	9
A_2	55	4	9	5	3	8	5	8	2
A_3	51	5	2	1	9	7	4	3	3
A_4	43	7	6	7	3	9	2	7	1
A_5	41	2	3	9	5	7	2	6	5
A_6	52	5	5	2	2	8	1	4	3

解 设 $x_{ij}(i=1,2,\cdots,6;j=1,2,\cdots,8)$ 表示 i 产地运到 j 销地的数量，c_{ij} 表示 i 产地到 j 销地的单位运价，d_j 表示 j 销地的需求量，e_i 表示 i 产地的产量，建立如下线性规划模型

$$\min \sum_{i=1}^{6}\sum_{j=1}^{8} c_{ij}x_{ij}$$

$$\text{s.t.} \begin{cases} \sum_{j=1}^{8} x_{ij} \leqslant a_i, & i=1,2,\cdots,6 \\ \sum_{i=1}^{6} x_{ij} \geqslant b, & j=1,2,\cdots,8 \\ x_{ij} \geqslant 0, & i=1,2,\cdots,6; j=1,2,\cdots,8 \end{cases}$$

LINGO 程序的代码如下：

```
model:
!6发点8收点运输问题;
sets:
    chandi/1..6/: a;
    xiaodi/1..8/: b;
    links(chandi,xiaodi): c, x;
endsets
!目标函数;
min= @sum(links(i,j): c(i,j)*x(i,j));
!需求约束;
@for(xiaodi(j):@sum(chandi(i): x(i,j))=b(j));
!产量约束;
@for(chandi(i):@sum(xiaodi(j): x(i,j))<=a(i));
!这里是数据;
data:
a=60  55  51  43  41  52;
b=35  37  22  32  41  32  43  38;
```

```
c=6  2  6  7  4  2  9  5
   4  9  5  3  8  5  8  2
   5  2  1  9  7  4  3  3
   7  6  7  3  9  2  7  1
   2  3  9  5  7  2  6  5
   5  5  2  2  8  1  4  3;
enddata
end
```

在上面的例子中,即使产地、销地再多,每个产地、销地的约束条件分别只用一个语句就表示出来了,十分方便.用一些函数命令表示代数式也非常简练,而且数据变量可以用向量和矩阵表示.对于复杂问题,我们需要学会使用 LINGO 语言编程.下面介绍 LINGO 程序的有关语法和函数命令.

5.1.2 LINGO 软件的基本语法

LINGO 程序以"model:"开始,以"end"结尾,主要由集合、数据、目标函数和约束条件、初始值等部分组成.

1. 集合部分

LINGO 有两种类型的集合:原始集合和派生集合.

一个原始集合是由一些最基本的对象组成的.

一个派生集合是用一个或多个集合来定义的,也就是说它的成员来自其他已存在的集合.

集合部分是 LINGO 模型的一个可选部分.在 LINGO 模型中使用集合之前,必须在集合部分事先定义.集合部分以关键字"sets:"开始,以"endsets"结束.一个模型可以没有集合部分,或有一个简单的集合部分,或有多个集合部分.一个集合部分可以放置于模型的任何地方,但是一个集合及其属性在模型约束中被引用之前必须经过了定义.集合部分的语法结构为

```
sets:
    集合名称1/成员列表1/:属性1_1,属性1_2,…,属性1_n2;
    集合名称2/成员列表2/:属性2_1,属性2_2,…,属性2_n2;
    派生集合名称(集合名称1,集合名称2):属性3_1,…,属性3_n3;
endsets
```

集合成员列表放在集合定义中,可采取显式罗列和隐式罗列两种方式.如果集合成员不放在集合定义中,那么可以在随后的数据部分定义它们.成员间用空格或逗号隔开.集合成员的隐式列表格式见表5-2.

表 5-2

隐式成员列表格式	示例	所产生集成员
1..n	1..5	1,2,3,4,5
StringM..StringN	Car2..car14	Car2,Car3,Car4,…,Car14
DayM..DayN	Mon..Fri	Mon,Tue,Wed,Thu,Fri

续上表

隐式成员列表格式	示例	所产生集成员
MonthM..MonthN	Oct..Jan	Oct,Nov,Dec,Jan
MonthYearM..MonthYearN	Oct2001..Jan2002	Oct2001,Nov2001,Dec2001,Jan2002

例 3 定义一个 students 的原始集合,成员 John、Jill、Rose 和 Mike,属性有 sex 和 age.

```
sets:
    students/John  Jill, Rose Mike/: sex, age;
endsets
```

例 4 在例 3 中,集合成员不放在集合定义中,可以在随后的数据部分定义它们.

```
sets:
    students:sex,age;
endsets
data:
    students,sex,age=John 1 16
                    Jill 0 14
                    Rose 0 17
                    Mike 1 13;
enddata
```

例 5 已知三个集合分别为产品(成员 A,B)、机器(成员 M,N)、周次(成员 1,2),利用 3 个集合生成派生集及其属性 x.

```
sets:
    product/A B/;
    machine/M N/;
    week/1..2/;
    allowed(product,machine,week):x;
endsets
```

LINGO 生成了三个集合的所有组合共八组作为 allowed 集合的成员,如下:

(A,M,1) (A,M,2) (A,N,1) (A,N,2) (B,M,1) (B,M,2) (B,N,1) (B,N,2)

成员列表被忽略时,派生集合成员由父集合成员所有的组合构成,这样的派生集合称为稠密集.如果限制派生集合的成员,使它成为父集合成员所有组合构成的集合的一个子集,这样的派生集合成为稀疏集合.一个派生集合的成员列表可由两种方式生成:显式罗列;设置成员资格过滤器.当采用显式罗列出所有要包含在派生集合中的成员,并且罗列的每个成员必须属于稠密集合.使用前面的例子,显式罗列派生集合的成员:

```
allowed(product,machine,week)/A M 1,A N 2,B N 1/;
```

如果需要生成一个大的、稀疏的集合,那么显式罗列就很麻烦.幸运的是许多稀疏集合的成员都满足一些条件以区分非成员.这些逻辑条件可以看作过滤器,在 LINGO 生成派生集合的成员时把使逻辑条件为假的成员从稠密集中过滤掉.用竖线"|"来标记一个成员资格过滤器的开始.

例6 用集合来定义属性:$a_i, e_j, (i=1,2,\cdots,10; j=1,2,\cdots,20)$ 及 $x_{ij}(i<j)$.

```
sets:
   rows/1..10/: a;
   cols/1..20/: e;
   links(rows, cols)| &1 # lt# &2: x;
endsets
```

2. 数据部分

在处理模型的数据时,需要为集合所对应的某些属性赋值,数据部分的格式为:

```
data:
   属性1= 数据列表;
   属性2= 数据列表;
enddata
```

实时数据处理,对于模型中的某些数据并不是定值. 譬如模型中有一个通货膨胀率的参数,在 2%～6%范围内,对不同的值求解模型,来观察模型的结果对通货膨胀的依赖的敏感度. 在本该是数的位置输入一个问号"?". 求解模型时,LINGO 会提示为参数输入一个值. 例如:

```
data:
   interest_rate, inflation_rate =.085?;
enddata
```

数据部分的未知数值用空格表示,输入两个相连的逗号表示该位置对应的集成员的属性值未知,计算机通过内部运算来获取. 例如:

```
sets:
   years/1..5/: capacity;
endsets
data:
   capacity =,34,20, , ;
enddata
```

注意:属性 capacity 的第 2 个和第 3 个值分别为 34 和 20,其余的未知.

3. 数据计算部分

数据计算部分不能含有变量,必须是已知数据的运算,格式如下:

```
calc:
   b= @exp(100 * sin(a));
endcalc
```

4. 变量的初始化

变量初始化主要用于求解非线性规划问题,这是因为非线性规划的解法主要是迭代法. 给出一个好的初始点,更便于求得整体最优解. 另外,有时 LINGO 系统显示模型没有可行解时,可能只是由于求解空间太大,LINGO 没有找到可行解而已. 因此,对于一个复杂问题可以先用某种方法得到一个较好的解,以此作为初始解再继续求解.

例7 求解非线性方程组 $\begin{cases} x^2+y^2=2 \\ 2x^2+x+y^2+y=4 \end{cases}$

解 编写 LINGO 程序代码如下：

```
model:
init:
    x=1;y=1;
endinit
x^2+y^2=2;
2*x^2+x+y^2+y=4;
end
```

运行结果为：$x=0.4543, y=1.3392$.

模型的目标函数和约束条件部分，会用到很多运算符号和函数命令，下面介绍函数命令.

5.1.3 LINGO 函数

LINGO 软件提供了用于解决数学运算问题的各种运算符号和函数.

1. 算术运算

算术运算符号：^乘方、*乘、/除、+加、-减.

2. 逻辑关系运算

在 LINGO 中，逻辑运算符主要用在集合循环函数的条件表达式中，来控制在函数中哪些集成员被包含，哪些被排斥. 在创建稀疏集时用在成员资格过滤器中.

LINGO 具有 9 种逻辑运算：#eq#、#ne#、#gt#、#ge#、#lt#、#le#、#and#、#not#、#or#.

LINGO 有三种关系运算符："="、"<="和">=". LINGO 中还能用"<"表示小于等于关系，">"表示大于等于关系. LINGO 并不支持严格小于和严格大于关系运算符. 比如 $A<B$，可以把它变成 $A+\varepsilon<=B$，这里 ε 是一个小的正数，它的值依赖于模型中 A 小于 B 多少才算不等.

3. 数学函数

LINGO 提供了大量的标准数学函数和概率函数：

@abs(x)：返回 x 的绝对值.

@sin(x)：返回 x 的正弦值，x 采用弧度制.

@cos(x)：返回 x 的余弦值.

@tan(x)：返回 x 的正切值.

@exp(x)：返回常数 e 的 x 次方.

@log(x)：返回 x 的自然对数.

@lgm(x)：返回 x 的 gamma 函数的自然对数.

@mod(x,y)：返回 x 除以 y 的余数.

@sign(x)：如果 x<0 返回 -1；否则，返回 1.

@floor(x):返回 x 的整数部分.当 x≥=0 时,返回不超过 x 的最大整数;当 x<0 时,返回不低于 x 的最大整数.

@smax(x1,x2,…,xn):返回 x1,x2,…,xn 中的最大值.

@smin(x1,x2,…,xn):返回 x1,x2,…,xn 中的最小值.

4. 变量界定函数

变量界定函数实现对变量取值范围的附加限制,包括以下四种:

@bin(x):限制 x 为 0 或 1.

@bnd(L,x,U):限制 L≤x≤U.

@free(x):取消对变量 x 的默认下界为 0 的限制,即 x 可以取任意实数.

@gin(x):限制 x 为整数.

在默认情况下,LINGO 规定变量是非负的,也就是说下界为 0,上界为 $+\infty$. @free 取消了默认的下界为 0 的限制,使变量也可以取负值;@bnd 用于设定一个变量的上下界,它也可以取消默认下界为 0 的约束.

5. 集循环函数

@for:该函数用来产生对集合成员的约束.

@sum:该函数返回遍历指定的集合成员的一个表达式的和.

@min 和@max:返回指定的集合成员的一个表达式的最小值或最大值.

使用格式如下:

```
@for(集合(下标):关于集合的属性的表达式)
```

例如:

```
@for(xiaodi(J): @sum(chandi(I): x(I,J))= d(J));
```

例 8 一个线路网如图 5-2 所示,连线上的数字表示两点之间的距离(或费用),边的集合记为 E. 试寻求一条由 A 到 G 距离最短(或费用最省)的路线.

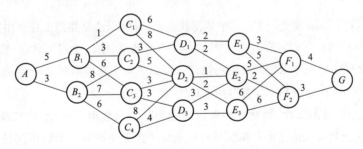

图 5-2

解 设 $L(x_i)$ 表示从起点 x_1 到点 x_i 的最短距离,对此动态规划问题我们采用函数空间法求解,模型为

$$\begin{cases} L(x_i)=\min_{(j,i)\in E}\{L(x_j)+d(x_j,x_i)\} \\ L(x_1)=0 \end{cases}$$

LINGO 程序代码如下：

```
model:
sets:
vertex/A,B1,B2,C1,C2,C3,C4,D1,D2,D3,E1,E2,E3,F1,F2,G/:L;
roads(vertex,vertex)/A B1,A B2,B1 C1,B1 C2,B1 c3,B2 C2,B2 C3,B2 C4,
C1 D1,C1 D2,C2 D1,C2 D2,C3 D2,C3 D3,C4 D2,C4 D3,
D1 E1,D1 E2,D2 E2,D2 E3,D3 E2,D3 E3,
E1 F1,E1 F2,E2 F1,E2 F2,E3 F1,E3 F2,F1 G,F2 G/:D,x;
endsets
data:
D= 5 3 1 3 6 8 7 6
   6 8 3 5 3 3 8 4
   2 2 1 2 3 3
   3 5 5 2 6 6 4 3;
L=0,,,,,,,,,,,,,,,;
Enddata
!求最短距离;
@for(vertex(i)|i# GT# 1:L(i)=@min(road(j,i):L(j)+ D(j,i)));
!求最短路线,若 x(j,i)=1,则表示从 j 点出发下一站的最优策略为 i 点;
@for(roads(j,i): L(i)=D(j,i) * x(j,i)+ L(j));
@for(roads(j,i):@ free(x(j,i)));
End
```

运行结果为 $L(G)=18$，最短路线为 $A \to B_1 \to C_2 \to D_1 \to E_2 \to F_2 \to G$。

6. 数据的传输

LINGO 通过 @OLE 函数实现与 Excel 文件传递数据，使用 @OLE 函数既可以从 Excel 文件中导入数据，也能把计算结果写入 Excel 文件。@OLE 函数只能用在模型的集合定义段、数据段和初始段。

读取 Excel 数据之前，要先对 Excel 中数据块命名，具体做法是先用鼠标选中数据区域，在菜单中选择"插入"→"名称"→"定义"，弹出"定义名称"对话框，输入适当的名称，然后单击"确定"按钮。从 Excel 文件中导入导出数据的使用格式可以分成以下几种类型：

(1) 变量名＝@OLE('文件名','数据块名称')。

若变量是初始集合的属性，则对应的数据块应当是一列数据，若变量是二维派生集合的属性，则对应数据块应当是二维矩形数据区域。@OLE 函数无法读取三维数据区域。在 Excel 中先定义数据的名称。

(2) 变量名 1,变量名 2＝@OLE('文件名','数据块名称')。

左边的两个变量必须定义在同一个集合中，@OLE 的参数仅指定一个数据块名称，该数据块应当包含类型相同的两列数据，第一列赋值给变量 1，第二列赋值给变量 2。

(3) 变量名 1,变量名 2＝@OLE('文件名')。

没有指定数据块名称，默认使用 Excel 文件中与属性名同名的数据块。

(4) @OLE('文件名','数据块名称')=变量名.

例 9 将例 1 的运输问题的程序通过 Excel 传输数据.

```
model:
! 6 发点 8 收点运输问题;
sets:
    chandi/wh1..wh6/: e;
    xiaodi/v1..v8/: d;
    links(chandi,xiaodi): c, x;
endsets
! 目标函数;
min=@ sum(links: c*x);
! 需求约束;
@ for(xiaodi(J):@ sum(chandi(I): x(I,J))= d(J));
! 产量约束;
@ for(chandi(I):@ sum(xiaodi(J): x(I,J))<= e(I));
! 这里是数据;
data:
    e=60 55 51 43 41 52;
    d=35 37 22 32 41 32 43 38;
    c=@ ole('e:/yunshu.xls',jiage);
    @ ole('e:/yunshu.xls',x)= x;
enddata
end
```

LINGO 软件通过使用@file 或@text 函数进行纯文本文件数据的输入和输出.

注意：执行一次@file，输入一个记录，记录之间的分隔符为～. 数据文件与程序文件不在同一个目录下时要指明文件的路径.

上面例题中 6 个发点 8 个收点的最小运输费用问题，其数据段程序可以改为：

```
data:
a=@ file(d:\data.txt);
b=@ file(d:\data.txt);
c=@ file(d:\data.txt);
@ text(d:\data.txt)= x;
enddata
```

其中纯文本文件 data.txt 中的数据格式如下：

```
60 55 51 43 41 52~
35 37 22 32 41 32 43 38~
6 2 6 7 4 2 9 5
4 9 5 3 8 5 8 2
5 2 1 9 7 4 3 3
```

```
7 6 7 3 9 2 7 1
2 3 9 5 7 2 6 5
5 5 2 2 8 1 4 3
```

其中,"~"是记录分割符,第一个记录是产量,第二个记录是需求量,最后一个记录是单位运价.

7. LINGO 求解报告的解读

例 10 一奶制品加工厂用牛奶生产 A_1,A_2 两种奶制品,1 桶牛奶可以在甲车间用 12 h 加工成 3 kg 的 A_1,或者在乙车间用 8 h 加工成 4 kg 的 A_2.根据市场需求,生产的 A_1,A_2 全部能售出,且每千克 A_1 获利 24 元,每千克 A_2 获利 16 元.现在加工厂每天能得到 50 桶牛奶的供应,每天设备的总加工时间为 480 h,并且甲车间每天至多能加工 100 kg 的 A_1,乙车间的加工能力没有限制.试为该厂制订一个生产计划,使每天获利最大,并进一步讨论以下三个附加问题:

若用 35 元可以买到 1 桶牛奶,应否作这项投资?若投资,每天最多购买多少桶牛奶?

解 设 x_1 桶牛奶用来生产 A_1,x_2 桶生奶用来生产 A_2,A_1、A_2 单桶利润分别为 72 元、64 元。模型代码如下:

```
max=72*x1+64*x2;
x1+x2<=50;
12*x1+8*x2<=480;
3*x1<=100;
```

求解这个模型,结果如下:

```
Global optimal solution found at iteration:          0
Objective value:                              3360.000
Total solver iterations:                             2
        Variable        Value         Reduced Cost
              x1      20.00000            0.000000
              x2      30.00000            0.000000
             Row    Slack or Surplus    Dual Price
               1       3360.000           1.000000
               2       0.000000          48.00000
               3       0.000000           2.000000
               4       40.00000           0.000000
```

结果表明:这个线性规划的最优解为 $x_1=20$,$x_2=30$,最优值为 3 360.三个约束条件的右端不妨看作三种"资源":原料、加工时间、车间甲的加工能力.输出中 Slack or Surplus 给出这三种资源(row 2,3,4)在最优解下是否有剩余:原料、加工时间的剩余均为零,车间甲尚余 40 kg 加工能力.

目标函数可以看作"效益",成为紧约束的"资源"一旦增加,"效益"必然随之增长.输出中 DUAL PRICES(影子价格)给出这三种资源在最优解下增加 1 个单位时"效益"的增量.结果显示一桶牛奶的影子价格为 48 元,那么用 35 元买 1 桶牛奶来加工可盈利 13 元.至于最多买多少桶牛奶的问题,可以添加新的变量,修改原来的模型,重新求解才能做出判断.

5.2 数学规划模型

数学规划有三个要素:决策变量、目标函数和约束条件.一般的数学规划模型为

$$\min f(\boldsymbol{x})$$
$$\text{s. t.} \begin{cases} g_i(\boldsymbol{x}) \geqslant 0 & i=1,2,\cdots,m \\ h_j(\boldsymbol{x})=0 & j=1,2,\cdots,l \end{cases}$$

其中 $\boldsymbol{x}=(x_1,x_2,\cdots,x_n)^T \in \mathbf{R}^n$. 下面通过一些实际问题讲解建立数学规划模型的方法.

建立数学规划模型一般有三个步骤:

第一步:分析问题,找出决策变量.

第二步:根据问题所给条件,找出决策变量必须满足的一组线性或非线性等式或者不等式约束,即为约束条件.

第三步:根据问题的目标,构造关于决策变量的目标函数.

有了决策变量、约束条件和目标函数这三个要素之后,一个数学规划模型就建立起来了.

数学规划模型根据目标函数和约束条件的类型区分为线性规划和非线性规划,根据决策变量的取值分为整数规划、混合整数规划等.线性规划求解比较简单,利用单纯形法能够得到整体最优解;非线性规划常用迭代法求解,求解复杂,非线性规划的解分为局部最优解和整体最优解,通常得到的是局部最优解;整数规划和混合整数规划常用割平面法和分支定界方法求解,计算量非常大,当整数变量个数较多时用时很长.0-1规划是整数规划的特例,变量只取 0 或 1,还可以用隐枚举法求解.

同一个问题,选取的决策变量不同,目标函数和约束条件表达式不同,模型复杂度不一样.所以要选取适当的决策变量,使得目标函数和约束条件的表达式简单,模型易于求解.

满足约束条件的解,称为数学规划问题的可行解,而使目标函数达到最优值的可行解称为最优解。所有可行解构成的集合称为问题的可行域.

例1 某公司用两种原油(A 和 B)混合加工成两种汽油(甲和乙).甲、乙两种汽油含原油 A 的最低比例分别为 50% 和 60%,每吨售价分别为 4 800 元和 5 600 元.该公司现有原油 A 和 B 的库存量分别为 500 t 和 1 000 t,还可以从市场上买到不超过 1 500 t 的原油 A.原油 A 的市场价为:购买量不超过 500 t 时的单价为 10 000 元/t;购买量超过 500 t 但不超过 1 000 t 时,超过 500 t 的部分单价为 8 000 元/t;购买量超过 1 000 t 时,超过 1 000 t 的部分单价为 6 000 元/t.该公司应如何安排原油的采购和加工.

解 安排原油采购、加工的目标是利润最大,题目中给出的是两种汽油的售价和原油 A 的采购价,利润为销售汽油的收入与购买原油 A 的支出之差.这里的难点在于原油 A 的采购价与购买量的关系比较复杂,是分段函数关系,能否及如何用线性规划、整数规划模型加以处理是关键所在.

模型建立:设原油 A 的购买量为 x(单位为 t),根据题目所给数据,采购的支出 $c(x)$ 可表示为如下分段线性函数(以下价格以千元/t 为单位):

$$c(x)=\begin{cases} 10x & (0 \leqslant x \leqslant 500) \\ 1\,000+8x & (500 \leqslant x \leqslant 1\,000) \\ 3\,000+6x & (1\,000 \leqslant x \leqslant 1\,500) \end{cases} \tag{5-1}$$

设原油 A 用于生产甲、乙两种汽油的数量分别为 x_{11} 和 x_{12}（单位为 t），原油 B 用于生产甲、乙两种汽油的数量分别为 x_{21} 和 x_{22}（单位为 t），则总收入为 $4.8(x_{11}+x_{21})+5.6(x_{12}+x_{22})$（单位为千元）. 于是本例的目标函数（利润）为

$$\max z = 4.8(x_{11}+x_{21})+5.6(x_{12}+x_{22})-c(x) \tag{5-2}$$

约束条件包括加工两种汽油用的原油 A、原油 B 库存量的限制和原油 A 购买量的限制，以及两种汽油含原油 A 的比例限制，它们表示为

$$x_{11}+x_{12} \leqslant 500+x \tag{5-3}$$

$$x_{21}+x_{22} \leqslant 1\,000 \tag{5-4}$$

$$x \leqslant 1\,500 \tag{5-5}$$

$$\frac{x_{11}}{x_{11}+x_{21}} \geqslant 0.5 \tag{5-6}$$

$$\frac{x_{12}}{x_{12}+x_{22}} \geqslant 0.6 \tag{5-7}$$

$$x_{11},x_{12},x_{21},x_{22},x \geqslant 0 \tag{5-8}$$

由于式(5-1)中的 $c(x)$ 不是线性函数，所以模型是一个非线性规划. 其中式(5-6)、式(5-7)是非线性的，但可以化简为线性不等式. 但是对于这样用分段函数定义的 $c(x)$，一般的非线性规划软件也难以输入和求解. 可以考虑分三种情况分别求其最优解，然后从三个最优解中选择最好的解. 另外可以考虑将该模型化简成一个模型，从而用现成的软件求解.

第一种解法：

将原油 A 的采购量 x 分解为三个量，即用 x_1,x_2,x_3 分别表示以价格 10、8、6 千元/t 采购的原油 A 的吨数，总支出为 $c(x)=10x_1+8x_2+6x_3$，且 $x=x_1+x_2+x_3$.

这时目标函数(5-2)变为线性函数：

$$\max z = 4.8(x_{11}+x_{21})+5.6(x_{12}+x_{22})-(10x_1+8x_2+6x_3) \tag{5-9}$$

应该注意到，只有当以 10 千元/t 的价格购买 $x_1=500\times 1\,t=500\,t$ 时，才能以 8 千元/t 的价格购买 $x_2>0$，同理，只有当以 8 千元/t 的价格购买 $x_2=500\,t$ 时，才能以 6 千元/t 的价格购买 $x_3>0$，这个条件可以表示为

$$(x_1-500)x_2=0 \tag{5-10}$$

$$(x_2-500)x_3=0 \tag{5-11}$$

此外，x_1,x_2,x_3 的取值范围是

$$0 \leqslant x_1,x_2,x_3 \leqslant 500 \tag{5-12}$$

经过变量替换后，目标函数得到了化简，但式(5-10)、式(5-11)是非线性条件. 对此非线性规划编写 LINGO 程序：

```
max=4.8*x11+4.8*x21+5.6*x12+ 5.6*x22-10*x1-8*x2-6*x3;
x11+x12<x+ 500;
x21+x22<1000;
0.5*x11-0.5*x21> 0;
```

```
0.4*x12-0.6*x22>0;
x=x1+x2+x3;
(x1-500)*x2=0;
(x2-500)*x3=0;
@bnd(0,x1,500);
@bnd(0,x2,500);
@bnd(0,x3,500);
```

此时 LINGO 得到的结果只是一个局部最优解(local optimal solution):用库存的 500 t 原油 A、500 t 原油 B 生产 1 000 t 汽油甲,不购买新的原油 A,利润为 4 800 千元.可以用菜单命令 "LINGO|Options"在"Global Solver"选项卡上启动全局优化(use global solver)选项,然后重新执行菜单命令"LINGO|Solve",此时 LINGO 得到的结果是一个全局最优解(global optimal solution):购买 1 000 t 原油 A,与库存的 500 t 原油 A 和 1 000 t 原油 B 一起,共生产 2 500 t 汽油乙,利润为 5 000 千元,高于刚刚得到的局部最优解对应的利润 4 800 千元.

第二种解法:

引入 0-1 变量将式(5-10)和式(5-11)转化为线性约束,令 $y_1=1, y_2=1, y_3=1$ 分别表示以 10 千元/t、8 千元/t、6 千元/t 的价格采购原油 A,则约束(5-10)和(5-11)可以替换为

$$500y_2 \leq x_1 \leq 500y_1$$
$$500y_3 \leq x_2 \leq 500y_2$$
$$x_3 \leq 500y_3$$
$$y_1, y_2, y_3 = 0, 1$$

这样原模型就变成了混合整数线性规划模型,将其输入 LINGO 软件:

```
max=4.8*x11+4.8*x21+5.6*x12+5.6*x22-10*x1-8*x2-6*x3;
x-x1-x2-x3=0;
x11+x12-x<500;
x21+x22<1000;
0.5*x11-0.5*x21>0;
0.4*x12-0.6*x22>0;
x1-500*y1<0;
x2-500*y2<0;
x3-500*y3<0;
x1-500*y2>0;
x2-500*y3>0;
@bin(y1);@bin(y2);@bin(y3);
```

结果与前面非线性规划模型用全局优化得到的结果相同.

例 2 某钢管零售商从钢管厂进货,将钢管按照顾客的要求切割后售出.从钢管厂进货时得到的原料钢管长度都是 19 m.(1)现有一客户需要 50 根 4 m、20 根 6 m 和 15 根 8 m 长度的钢管.应如何下料最省?(2)零售商如果采用的不同切割模式太多,将会导致生产过程的复杂化,从而增加生产和管理成本,所以该零售商规定采用的不同切割模式不能超过 3 种.此外该客户除需要(1)中的三种钢管外,还需要 10 根 5 m 长度的钢管.应如何下料最省?

解 (1)问题1的建模与求解.

首先确定可行的切割模式,见表5-3,然后求每种模式切割的钢管的根数.

表 5-3

模式	4 m钢管根数	6 m钢管根数	8 m钢管根数	余料/m
模式1	4	0	0	3
模式2	3	1	0	1
模式3	2	0	1	3
模式4	1	2	0	3
模式5	1	1	1	1
模式6	0	3	0	1
模式7	0	0	2	3

设x_i表示按照第i种模式($i=1,2,\cdots,7$)切割的原料钢管的根数,它们是非负整数.
目标函数有两种表达方式,即剩余的总余料量最少或切割原料钢管的总根数最少.

①以切割后剩余的总余料量最小为目标
$$\min Z_1 = 3x_1 + x_2 + 3x_3 + 3x_4 + x_5 + x_6 + 3x_7$$

约束条件为
$$4x_1 + 3x_2 + 2x_3 + x_4 + x_5 \geq 50$$
$$x_2 + 2x_4 + x_5 + 3x_6 \geq 20$$
$$x_3 + x_5 + 2x_7 \geq 15$$

②以切割原料钢管的总根数最少为目标,则有
$$\min Z_2 = x_1 + x_2 + x_3 + x_4 + x_5 + x_6 + x_7$$

约束条件为
$$4x_1 + 3x_2 + 2x_3 + x_4 + x_5 \geq 50$$
$$x_2 + 2x_4 + x_5 + 3x_6 \geq 20$$
$$x_3 + x_5 + 2x_7 \geq 15$$

模型比较简单,分别编写LINGO程序求解.结果如下:

①在总余料量最小的目标下,按照模式2切割12根原料钢管,按照模式5切割15根原料钢管,共27根,总余料量为27 m.显然,最优解是使用余料尽可能小的切割模式(模式2和5的余料为1 m),这会导致切割原料钢管的总根数较多.

②在总根数最少的目标下,按照模式2切割15根原料钢管,按模式5切割5根,按模式7切割5根,共27根,可算出总余料量为35 m.与上面得到的结果相比,总余料量增加了8 m,但是所用的原料钢管的总根数减少了2根.在余料没有什么用途的情况下,通常选择总根数最少为目标.

(2)问题2的建模与求解.

对于问题2,按照问题1的求解思路,通过枚举法首先确定哪些切割模式是可行的,但由于需求的钢管规格增加到4种,所以枚举法的工作量较大.一个合理的切割模式的余料不应该大于或

等于客户需要的钢管的最小尺寸(本题中为 4 m),由于本题中参数都是整数,所以合理的切割模式的余量不能大于 3 m.这里我们仅选择总根数最少为目标进行求解.

由于不同切割模式不能超过 3 种,可以用 x_i 表示按照第 i 种模式($i=1,2,3$)切割的原料钢管的根数,显然它们应当是非负整数.设所使用的第 i 种切割模式下每根原料钢管生产 4 m 长、5 m 长、6 m 长和 8 m 长的钢管数量分别为 $r_{1i}, r_{2i}, r_{3i}, r_{4i}$(非负整数).

以切割原料钢管的总根数最少为目标建立数学规划模型:

$$\min x_1+x_2+x_3$$

$$r_{11}x_1+r_{12}x_2+r_{13}x_3 \geqslant 50$$

$$r_{21}x_1+r_{22}x_2+r_{23}x_3 \geqslant 10$$

$$r_{31}x_1+r_{32}x_2+r_{33}x_3 \geqslant 20$$

$$r_{41}x_1+r_{42}x_2+r_{43}x_3 \geqslant 15$$

$$16 \leqslant 4r_{11}+5r_{21}+6r_{31}+8r_{41} \leqslant 19$$

$$16 \leqslant 4r_{12}+5r_{22}+6r_{32}+8r_{42} \leqslant 19$$

$$16 \leqslant 4r_{13}+5r_{23}+6r_{33}+8r_{43} \leqslant 19$$

$$x_1 \geqslant x_2 \geqslant x_3$$

$$26 \leqslant x_1+x_2+x_3 \leqslant 31$$

这是一个整数非线性规划模型,虽然用 LINGO 软件可以直接求解,但通常需要运行很长时间也难以得到最优解.为了减少运行时间,可以增加一些显然的约束条件,从而缩小可行解的搜索范围.由于三种切割模式的排列顺序是无关紧要的,所以不妨增加约束 $x_1 \geqslant x_2 \geqslant x_3$.另外确定总根数的范围为

$$26 \leqslant x_1+x_2+x_3 \leqslant 31$$

简单的 LINGO 程序代码如下:

```
min=x1+x2+x3;
x1*r11+x2*r12+x3*r13>=50;
x1*r21+x2*r22+x3*r23>=10;
x1*r31+x2*r32+x3*r33>=20;
x1*r41+x2*r42+x3*r43>=15;
4*r11+5*r21+6*r31+8*r41<=19;
4*r12+5*r22+6*r32+8*r42<=19;
4*r13+5*r23+6*r33+8*r43<=19;
4*r11+5*r21+6*r31+8*r41>= 16;
4*r12+5*r22+6*r32+8*r42>=16;
4*r13+5*r23+6*r33+8*r43>=16;
x1+x2+x3>=26;
x1+x2+x3<=31;
x1>=x2;x2>=x3;
@gin(x1);@gin(x2);@gin(x3);@gin(r11);@gin(r12);@gin(r13);
@gin(r21);@gin(r22);@gin(r23);@gin(r31);@gin(r32);@gin(r33);
@gin(r41);@gin(r42);@gin(r43);
```

利用 LINGO 中的集合、属性和函数的概念,可以编写下面的 LINGO 高级程序. 这种模型更具有通用性,且有利于更大规模的优化模型求解. LINGO 程序代码如下:

```
model:
SETS:
    NEEDS/1..4/:LENGTH,NUM;
    !定义基本集合 NEEDS 及其属性 LENGTH,NUM;
    CUTS/1..3/:X;
    !定义基本集合 CUTS 及其属性 X;
    PATTERNS(NEEDS,CUTS):R;
    !定义派生集合 PATTERNS(这是一个稠密集合)及其属性 R;
ENDSETS
DATA:
    LENGTH=4 5 6 8;
    NUM=50 10 20 15;
    CAPACITY=19;
ENDDATA
min=@SUM(CUTS(I): X(I));
!目标函数;
@FOR(NEEDS(I): @SUM(CUTS(J): X(J) * R(I,J) )>NUM(I));
!满足需求约束;
@FOR(CUTS(J): @SUM(NEEDS(I): LENGTH(I) * R(I,J) )<CAPACITY);
!合理切割模式约束;
@FOR(CUTS(J): @SUM(NEEDS(I): LENGTH(I) * R(I,J))
            > CAPACITY - @MIN(NEEDS(I):LENGTH(I)));
!合理切割模式约束;
@SUM(CUTS(I): X(I)) > 26; @SUM(CUTS(I): X(I))<31;
!人为增加约束;
@FOR(CUTS(I)|I#LT#@SIZE(CUTS):X(I) > X(I+1));
!人为增加约束;
@FOR(CUTS(J): @GIN(X(J)) );
@FOR(PATTERNS(I,J): @GIN(R(I,J)));
end
```

求解结果见表 5-4.

表 5-4

模式	4 m 钢管根数	5 m 钢管根数	6 m 钢管根数	8 m 钢管根数	原料钢管根数
1	2	1	1	0	10
2	3	0	1	0	10
3	0	0	0	2	8

例 3 建筑工地的位置(用平面坐标 a,b 表示,距离单位:km)及水泥日用量 d(单位:t)见表 5-5. 有两个临时料场位于 $P(5,1)$,$Q(2,7)$,日储量各有 20 t. 从 A,B 两料场分别向各工地运

送多少吨水泥,使总的吨公里数(运输货物吨数与公里数的乘积)最小.两个新的料场应建在何处运费最省,节省的吨公里数是多少?

表 5-5

工地	1	2	3	4	5	6
a/km	1.25	8.75	0.5	5.75	3	7.25
b/km	1.25	0.75	4.75	5	6.5	7.75
d/t	3	5	4	7	6	11

解 记工地的位置为 (a_i, b_i),水泥日用量为 d_i,料场位置为 (x_j, y_j),日储量为 e_j,从料场 i 向工地 j 的运送量为 c_{ij}.

$$\min f = \sum_{j=1}^{2} \sum_{i=1}^{6} c_{ij} \sqrt{(x_j - a_i)^2 + (y_j - b_i)^2}$$

s.t. $\sum_{j=1}^{2} c_{ij} = d_i, \quad i = 1, 2, \cdots, 6$

$\sum_{i=1}^{6} c_{ij} \leqslant e_j, \quad j = 1, 2$

$c_{ij} \geqslant 0$

从原料场 A,B 向各工地运送水泥,该运输问题就是线性规划模型,容易求解(略).

对新建料场选址时,决策变量为 c_{ij} 和 (x_j, y_j).目标函数对 (x_j, y_j) 是非线性的,此时的运输问题就是非线性规划模型.把现有临时料场的位置作为初始解.

LINGO 程序代码如下:

```
model:
sets:
    demand/1..6/:a,b,d;
    supply/1..2/:x,y,e;
    link(demand,supply):c;
endsets
data:
    a=1.25,8.75,0.5,5.75,3,7.25;
    b=1.25,0.75,4.75,5,6.5,7.75;
    d=3,5,4,7,6,11; e=20,20;
enddata
init:
    !初始点;
    x,y=5,1,2,7;   ! 或 X=5,2, Y=1,7;
endinit
!目标函数;
min=@sum(link(i,j): c(i,j) * ((x(j)- a(i))^2+(y(j)- b(i))^2)^(1/2) );
!需求约束;
@for(demand(i): @sum(supply(j):c(i,j))=d(i););
!供应约束;
```

```
@for(supply(i): @sum(demand(j):c(j,i)) <= e(i); );
!限定x,y的范围,缩小范围便于求解;
@for(supply: @bnd(0.5,x,8.75); @bnd(0.75,y,7.75); );
end
```

运行结果,得到局部最优解为 $x_1=7.249\,997, x_2=5.695\,940, y_1=7.749\,998, y_2=4.928\,524$,最小运量为 89.883 5 t·km.

LINGO 提供了求解非线性规划全局最优解的功能. 用"LINGO|Options"菜单命令打开选项对话框,在"Global Solver"选项卡中选择"Use Global Solver",激活全局最优求解程序. 运行 NLP 模型,全局最优求解程序花费的时间仍然很长,运行 27 分 35 秒时人为终止求解(按"Interrupt Solver"按钮)得到左边模型窗口和全局求解器的状态窗口.

如图 5-3 所示,此时目标函数值的下界(Obj Bound=85.263 8)与目前得到的最好的可行解的目标函数值(Best Obj=85.266 1)相差已经非常小,可以认为已经得到了全局最优解.

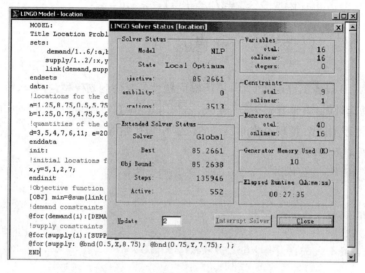

图 5-3

5.3 目标规划模型

目标规划与线性规划、非线性规划存在很大的不同,本节单独介绍目标规划的建模与求解. 目标规划是在线性规划基础上发展起来的一个运筹学分支.

5.3.1 目标规划与线性规划的区别

线性规划研究的是一个线性目标函数在一组线性约束条件下的最优问题. 而实际问题中,往往需要考虑多个目标的决策问题,这些目标可能没有统一的度量单位,因此很难进行比较;甚至各个目标之间可能互相矛盾. 目标规划能够兼顾地处理多种目标的关系,求得更切合实际的解. 线性规划的约束条件不能互相矛盾,否则线性规划无可行解. 而实际问题中往往存在一些相互矛盾的约束条件,目标规划所要讨论的问题就是如何在这些相互矛盾的约束条件下,找到一个满意解.

线性规划的约束条件是同等重要,不分主次的,是需要全部满足的"硬约束".而实际问题中,多个目标和多个约束条件不一定是同等重要的,而是有轻重缓急和主次之分的,目标规划的任务就是如何根据实际情况确定模型和求解,使其更符合实际需要.

线性规划的最优解可以说是绝对意义下的最优,为求得这个最优解,可能需要花费大量的人力、物力和财力.而在实际问题中,却并不一定需要去找这种最优解.目标规划所求的满意解是指尽可能地达到或接近一个或几个已给定的指标值,这种满意解更能够满足实际的需要.

目标规划在实践中的应用十分广泛,它对各个目标分级加权与逐级优化的思想更符合人们处理问题要分别轻重缓急,保证重点的思考方式.本节通过例子介绍目标规划的应用.

例 1 生产安排问题.某企业生产甲、乙两种产品(甲、乙产品的赢利分别为 200 元/件、300 元/件),需要用到 A,B,C 三种设备(A,B,C 设备的工时分别为 12 h,16 h,15 h),用这三种设备生产甲乙两种产品的单位工时见表 5-6.问该企业应如何安排生产,使得在计划期内总利润最大?

表 5-6

产品		甲	乙
单位工时/h	设备 A	2	2
	设备 B	4	0
	设备 C	0	5

解 设甲、乙产品的产量分别为 x_1, x_2,建立线性规划模型

$$\max z = 200x_1 + 300x_2$$
$$\text{s. t. } 2x_1 + 2x_2 \leqslant 12$$
$$4x_1 \leqslant 16$$
$$5x_2 \leqslant 15$$
$$x_1, x_2 \geqslant 0$$

用 LINGO 软件求解,得到最优解 $x_1 = 3, x_2 = 3, z^* = 1\,500$.

显然例 1 是一个线性规划问题,可以利用线性规划求解.但是在处理实际问题时,线性规划建模具有一些局限性:

(1)线性规划要求所有求解的问题必须满足全部的约束,而实际问题中并非所有约束都需要严格地满足.

(2)线性规划只能处理单目标的优化问题,而对一些次要目标只能转化为约束处理.但在实际问题中,目标和约束可以相互转化,处理时不一定要严格区分.

(3)线性规划在处理问题时,将各个约束(也可看作目标)的地位看成同等重要,而在实际问题中,各个目标的重要性既有层次上的差别,也有在同一层次上不同权重的差别.

(4)线性规划寻求最优解,而许多实际问题只需要找到满意解即可.

5.3.2 建立目标规划模型

例2 在例1中,如果企业的经营目标不仅要考虑利润,还需要考虑多个因素(目标):(1)力求使利润指标不低于1 500元;(2)考虑到市场需求,甲、乙两种产品的产量比应尽量保持1∶2;(3)设备A为贵重设备,严格禁止超时使用;(4)设备C可以适当加班,但要控制;设备B既要求充分利用,又要求尽可能不加班,在重要性上,设备B是设备C的3倍。

解 从上述问题可以看出,仅用线性规划方法是不够的,需要借助于目标规划的方法进行建模求解. 线性规划通常考虑单一的目标函数,而目标规划要考虑多个目标函数,一般用来解决复杂的问题. 对实际问题建立目标规划模型时常采取下面三种方法:

(1) 设置偏差变量.

用偏差变量来表示第 i 个目标的实际值与目标值之间的差异,令 d_i^+ 表示超出目标的差值,称为正偏差变量;d_i^- 表示未达到目标的差值,称为负偏差变量;而且 d_i^+ 与 d_i^- 至少有一个为0.

当实际值超过目标值时,有 $d_i^-=0, d_i^+>0$;

当实际值未达到目标值时,有 $d_i^+=0, d_i^->0$;

当实际值与目标值一致时,有 $d_i^-=0, d_i^+=0$.

(2) 统一处理目标与约束.

在目标规划中,约束可分为两类,一类是对资源有严格限制的,称为刚性约束;例如用目标规划求解例1中设备A禁止超时使用时,则有刚性约束:
$$2x_1+2x_2 \leqslant 12$$

另一类是可以不严格限制的,连同原线性规划的目标,构成柔性约束.

① 目标1:希望利润不低于1 500元,则目标可表示为
$$\begin{cases} \min\{d_1^-\} \\ 200x_1+300x_2+d_1^--d_1^+=1\ 500 \end{cases}$$

② 目标2:甲、乙两种产品的产量尽量保持1∶2的比例,则目标可表示为
$$\begin{cases} \min\{d_2^++d_2^-\} \\ 2x_1-x_2+d_2^--d_2^+=0 \end{cases}$$

③ 目标3:设备B既要求充分利用,又尽可能不加班,则目标可表示为
$$\begin{cases} \min\{d_3^++d_3^-\} \\ 4x_1+d_3^--d_3^+=16 \end{cases}$$

④ 目标4:设备C可以适当加班,但要控制,则目标可表示为
$$\begin{cases} \min\{d_4^+\} \\ 5x_2+d_4^--d_4^+=15 \end{cases}$$

从上面的分析可以看到:

如果希望实际值大于或等于目标值,则极小化负偏差;如果希望实际值小于或等于目标值,则极小化正偏差;如果希望实际值等于目标值,则同时极小化正、负偏差.

(3) 目标的优先级与权系数.

在目标规划模型中,目标的优先分为两个层次,第一个层次是目标分成不同的优先级,在计

算目标规划时,必须先优化高优先级的目标,然后再优化低优先级的目标.通常以$P_1,P_2,\cdots$表示不同的因子,并规定$P_k \gg P_{k+1}$.第二个层次是目标处于同一优先级,但两个目标的权重不一样,因此两个目标同时优化,用权系数的大小来表示目标重要性的差别.

在例2中设备A是刚性约束,其余是柔性约束.首先,最重要的指标是企业的利润,将它的优先级列为第一级;其次,甲、乙两种产品的产量保持1:2的比例,列为第二级;再次,设备B和C的工作时间要有所控制,列为第三级,设备B的重要性是设备C的三倍,因此它们的权重不一样.由此可以得到相应的目标规划模型.

$$\min z = P_1 d_1^- + P_2(d_2^+ + d_2^-) + P_3(3d_3^+ + 3d_3^- + d_4^+)$$

$$\text{s.t.} \quad 2x_1 + 2x_2 \leqslant 12$$

$$200x_1 + 300x_2 + d_1^- - d_1^+ = 1\,500$$

$$2x_1 - x_2 + d_2^- - d_2^+ = 0$$

$$4x_1 + d_3^- - d_3^+ = 16$$

$$5x_2 + d_4^- - d_4^+ = 15$$

$$x_1, x_2, d_i^-, d_i^+ \geqslant 0, i = 1, 2, 3, 4$$

5.3.3 目标规划的求解

目标规划的求解思路:将各目标按其重要程度不同的优先等级,转化为单目标模型.建立目标规划的数学模型时,需要确定目标值、优先等级、权系数等,它们都具有一定的主观性和模糊性,可以用专家评定法给以量化.

1. 序贯式算法

求解目标规划的序贯式算法:其算法是根据优先级的先后次序,将目标规划问题分解成一系列单目标规划问题,然后再依次求解,将上一级目标值作为下一个模型的约束条件.

例3 用算法1求解例2的目标规划模型

解 因为每个单目标问题都是一个线性规划问题,因此可以采用LINGO软件进行求解.按照算法1和例2目标规划模型编写单个线性规划求解程序.先求第一级目标,企业利润最大,LINGO程序代码如下.

```
MIN=D_1;
2*X1+2*X2<=12;
200*X1+300X2-DPLUS1+D_1=1500;
2X1-X2-DPLUS2+D_2=0;
4X1-DPLUS3+D_3=16;
5X2-DPLUS4+D_4=15;
```

因求出的目标函数的最优值为0,即第一级偏差为0.再求第二级目标,列出其LINGO程序.

```
MIN=DPLUS2+D_2;
2*X1+2*X2<=12;
200*X1+300*X2-DPLUS1+D_1=1500;
2*X1-X2-DPLUS2+D_2=0;
4*X1-DPLUS3+D_3=16;
5*X2-DPLUS4+D_4=15;
D_1=0;
```

因求出的目标函数的最优值仍为 0,即第二级偏差仍为 0. 继续求第三级目标,列出其 LINGO 程序.

```
MIN=3 * DPLUS3+3 * D_3+DPLUS4;
2 * X1+ 2 * X2<=12;
200 * X1+ 300 * X2-DPLUS1+D_1=1500;
2 * X1-X2-DPLUS2+D_2=0;
4 * X1-DPLUS3+D_3=16;
5 * X2-DPLUS4+D_4=15;
D_1=0;
DPLUS2+ D_2=0;
```

求出的目标函数的最优值为 29,即第三级偏差为 29.

因此目标规划的最优解为 $x^* =(2,4)$,最优利润为 1 600.

例 4 某计算机公司生产三种型号的笔记本计算机 A,B,C. 这三种笔记本计算机需要在复杂的装配线上生产,生产 1 台 A,B,C 型号的笔记本计算机分别需要 5 h,8 h,12 h. 公司装配线正常的生产时间是每月 1 700 h. 公司营业部门估计 A,B,C 三种笔记本计算机的利润分别是每台 1 000 元,1 440 元,2 520 元,而公司预测这个月生产的笔记本计算机能够全部售出.

公司经理考虑以下目标:

第一目标:充分利用正常的生产能力,避免开工不足;

第二目标:优先满足老客户的需求,A,B,C 三种型号的计算机分别为 50 台,50 台,80 台,同时根据三种计算机的纯利润分配不同的权因子;

第三目标:限制装配线加班时间,不允许超过 200 h;

第四目标:满足各种型号计算机的销售目标,A,B,C 型号分别为 100 台,120 台,100 台,再根据三种计算机的纯利润分配不同的权因子;

第五目标:装配线的加班时间尽可能少.

请列出相应的目标规划模型,并用 LINGO 软件求解.

解 分别建立各目标的约束.

(1)装配线正常生产.

设生产 A,B,C 型号的计算机为 x_1,x_2,x_3 台,d_1^- 为装配线正常生产时间未利用数,d_1^+ 为装配线加班时间,希望装配线正常生产,避免开工不足,因此装配线约束目标为

$$\begin{cases} \min d_1^- \\ 5x_1+8x_2+12x_3+d_1^--d_1^+=1\ 700 \end{cases}$$

(2)销售目标.

优先满足老客户的需求,并根据三种计算机的纯利润分配不同的权因子,A,B,C 三种型号的计算机每小时的利润是 $\frac{1\ 000}{5},\frac{1\ 440}{8},\frac{2\ 520}{12}$,因此,老客户的销售目标约束为

$$\begin{cases} \min 20d_2^-+18d_3^-+21d_4^- \\ x_1+d_2^--d_2^+=50 \\ x_2+d_3^--d_3^+=50 \\ x_3+d_4^--d_4^+=80 \end{cases}$$

再考虑一般销售，类似上面的讨论，得到

$$\begin{cases} \min 20d_5^- + 18d_6^- + 21d_7^- \\ x_1 + d_5^- - d_5^+ = 100 \\ x_2 + d_6^- - d_6^+ = 120 \\ x_3 + d_7^- - d_7^+ = 100 \end{cases}$$

(3) 加班限制.

首先是限制装配线加班时间，不允许超过 $200\,h$，因此得到

$$\begin{cases} \min d_8^+ \\ 5x_1 + 8x_2 + 12x_3 + d_8^- - d_8^+ = 1\,900 \end{cases}$$

其次装配线的加班时间尽可能少，即

$$\begin{cases} \min d_1^+ \\ 5x_1 + 8x_2 + 12x_3 + d_1^- - d_1^+ = 1\,700 \end{cases}$$

写出相应的目标规划模型

$\min z = P_1 d_1^- + P_2(20 d_2^- + 18 d_3^- + 21 d_4^-) + P_3 d_8^- + P_4(20 d_5^- + 18 d_6^- + 21 d_7^-) + P_5 d_1^+$

s. t. $5x_1 + 8x_2 + 12x_3 + d_1^- - d_1^+ = 1\,700$

$x_1 + d_2^- - d_2^+ = 50$

$x_2 + d_3^- - d_3^+ = 50$

$x_3 + d_4^- - d_4^+ = 80$

$x_1 + d_5^- - d_5^+ = 100$

$x_2 + d_6^- - d_6^+ = 120$

$x_3 + d_7^- - d_7^+ = 100$

$5x_1 + 8x_2 + 12x_3 + d_8^- - d_8^+ = 1\,900$

$x_1, x_2, d_i^-, d_i^+ \geq 0, i = 1, 2, \cdots, 8$

经 5 次计算得到 $x_1 = 100, x_2 = 55, x_3 = 80$. 装配线生产时间为 $1\,900\,h$，满足装配线加班不超过 $200\,h$ 的要求. 能够满足老客户的需求，但未能达到销售目标. 销售总利润为 380 800 元.

2. 化为单目标规划求解

当各级目标差别不是太大时，可以为每一目标赋一个权系数，求各目标函数的加权和的最优值. 把多目标规划模型转化成单一目标的模型. 但困难是要确定合理的权系数，以反映不同目标之间的重要程度.

5.4　数学规划的 MATLAB 求解

MATLAB 的优化工具箱 Optimization Toolbox 提供了多个函数，这些函数可在满足约束的同时求出可最小化或最大化目标的参数. 该工具箱包含适用于下列各项的求解器：线性规划（LP）、混合整数线性规划（MILP）、二次规划（QP）、非线性规划（NLP）、约束线性最小二乘、非线性最小二乘和非线性方程. 下面介绍常用的求解数学规划的函数.

5.4.1 linprog 求解线性规划问题

linprog 用于求解以下最小值问题：

$$\min f^T \cdot x$$

$$\text{s. t.} \begin{cases} Ax \leqslant b \\ Aeq \cdot x = beq \\ lb \leqslant x \leqslant ub \end{cases}$$

语法格式：

```
x=linprog(f,A,b)
x=linprog(f,A,b,Aeq,beq)
x=linprog(f,A,b,Aeq,beq,lb,ub)
[x,fval]=linprog()
```

其中 f、x、b、beq、lb 和 ub 是向量，A 和 Aeq 是矩阵，若某一项不存在，用 [ ] 表示.

例 1 求解线性规划

$$\min z = 6x_1 + 3x_2 + 4x_3$$

$$\text{s. t.} \begin{cases} x_1 + x_2 + x_3 = 120 \\ x_1 \geqslant 30 \\ 0 \leqslant x_2 \leqslant 50 \\ x_3 \geqslant 20 \end{cases}$$

解 化为 MATLAB 要求的格式

$$\min z = (6 \quad 3 \quad 4) \begin{pmatrix} x_1 \\ x_2 \\ x_3 \end{pmatrix}$$

$$\text{s. t.} \ (0 \quad 1 \quad 0) \begin{pmatrix} x_1 \\ x_2 \\ x_3 \end{pmatrix} \leqslant 50, \ (1 \quad 1 \quad 1) \begin{pmatrix} x_1 \\ x_2 \\ x_3 \end{pmatrix} = 120, \ \begin{pmatrix} 30 \\ 0 \\ 20 \end{pmatrix} \leqslant \begin{pmatrix} x_1 \\ x_2 \\ x_3 \end{pmatrix}$$

MATLAB 程序代码如下：

```
c=[6 3 4];
A=[0 1 0]; b=50;
Aeq=[1 1 1]; beq=120;
lb=[30,0,20]; ub=[];
[x,fval]=linprog(c,A,b,Aeq,beq,lb,ub)
```

输出结果为：x=30.000 0　50.000 0　40.000 0,fval = 490.000 0.

例 2 任务分配问题：某车间有甲、乙两台机床，可用于加工三种工件. 假定这两台车床的可用台时数分别为 800 h 和 900 h,三种工件的数量分别为 400、600 和 500,且已知用三种不同车床加工单位工件所需的台时数和加工费用见表 5-7. 问怎样分配车床的加工任务才能既满足加工工件的要求，又使加工费用最低？

表 5-7 车床加工不同工件所需的台时数和加工费用

车床类型	单位工件所需加工台时数/h			单位工件的加工费用/元			可用台时数/h
	工件1	工件2	工件3	工件1	工件2	工件3	
甲	0.4	1.1	1.0	13	9	10	800
乙	0.5	1.2	1.3	11	12	8	900

解 设在甲车床上加工工件1、2、3的数量分别为 x_1,x_2,x_3，在乙车床上加工工件1、2、3的数量分别为 x_4,x_5,x_6，可建立以下线性规划模型：

$$\min z = 13x_1 + 9x_2 + 10x_3 + 11x_4 + 12x_5 + 8x_6$$

$$\text{s.t.} \begin{cases} x_1 + x_4 = 400 \\ x_2 + x_5 = 600 \\ x_3 + x_6 = 500 \\ 0.4x_1 + 1.1x_2 + x_3 \leqslant 800 \\ 0.5x_4 + 1.2x_5 + 1.3x_6 \leqslant 900 \\ x_i \geqslant 0, i = 1, 2, \cdots, 6 \end{cases}$$

程序代码如下：

```
c=[13 9 10 11 12 8];
A=[0.4 1.1 1 0 0 0;0 0 0 0.5 1.2 1.3];
b=[800;900];
Aeq=[1 0 0 1 0 0;0 1 0 0 1 0;0 0 1 0 0 1];
beq=[400 600 500];
lb=zeros(6,1); ub=[];
[x,fval]=linprog(c,A,b,Aeq,beq,lb,ub)
```

输出结果：最优解 $x = (0, 600, 0, 400, 0, 500)$，最优值为 13 800。

5.4.2 intlinprog 求解混合整数线性规划

intlinprog 用于求解以下最小值问题：

$$\min f^T \cdot x$$

$$\text{s.t.} \begin{cases} Ax \leqslant b \\ Aeq \cdot x = beq \\ lb \leqslant x \leqslant ub \\ x(\text{intcon}) \text{为整数} \end{cases}$$

语法格式：

```
x=intlinprog(f,intcon,A,b)
x=intlinprog(f,intcon,A,b,Aeq,beq)
x=intlinprog(f,intcon,A,b,Aeq,beq,lb,ub)
x=intlinprog(f,intcon,A,b,Aeq,beq,lb,ub,x0)
[x,fval]=intlinprog( )
```

其中 f、x、intcon、b、beq、lb 和 ub 是向量，A 和 Aeq 是矩阵，intcon 是整数变量的下标构成的向量.

例 3 求解下列混合整数线性规划：

(1) $\min 8x_1+x_2$;

s.t. $\begin{cases} x_1+2x_2 \geqslant -14 \\ -4x_1-x_2 \leqslant -33 \\ 2x_1+x_2 \leqslant 20 \\ x_2 \text{ 为整数} \end{cases}$

(2) $\min -3x_1-2x_2-x_3$.

s.t. $\begin{cases} x_1+x_2+x_3 \leqslant 7 \\ 4x_1+2x_2+x_3 = 12 \\ x_1,x_2 \geqslant 0 \\ x_3 = 0,1 \end{cases}$

解 (1) MATLAB 程序代码如下：

```
f=[8;1]; intcon=2;
A=[-1,-2;-4,-1;2,1];
b=[14;-33;20];
x=intlinprog(f,intcon,A,b)
```

输出结果：x=(6.5000,7.0000)

(2) MATLAB 程序代码如下：

```
f=[-3;-2;-1]; intcon=3;
A=[1,1,1]; b=7;
Aeq=[4,2,1]; beq=12;
lb=zeros(3,1);
ub=[Inf;Inf;1];%  x(3) is binary
[x,fval]=intlinprog(f,intcon,A,b,Aeq,beq,lb,ub)
```

输出结果：最优解为 x=(0 5.5000,1.0000)，最优值为 −12.

5.4.3 fminsearch 求解无约束非线性规划

fminsearch 在点 x_0 处开始并尝试求 fun 中描述的函数的局部最小值，语法如下：

```
x=fminsearch(fun,x0)
[x,fval]=fminsearch(___)
```

例 4 计算 Rosenbrock 函数的最小值.

$$\min f(x)=100(x_2-x_1^2)^2+(1-x_1)^2$$

解 显然，该函数的最小值在 $x=[1,1]$ 处，最小值为 0.

取起始点为 $x_0=[-1.2,1]$，并使用 fminsearch 计算该函数的最小值代码如下：

```
fun=@(x)100*(x(2)-x(1)^2)^2+(1-x(1))^2;
x0=[-1.2,1];
[x,fval]=fminsearch(fun,x0)
```

输出结果：x=(1.0000,1.0000)，最小值为 8.177 7e−10.

5.4.4 fmincon 求解约束非线性规划

fmincon 用于求解以下形式的规划

$$\min f(x)$$
$$\text{s. t.} \begin{cases} Ax \leqslant b \\ Aeq \cdot x = beq \\ lb \leqslant x \leqslant ub \\ c(x) \leqslant 0 \\ ceq(x) = 0 \end{cases}$$

语法格式：

```
x=fmincon(fun,x0,A,b)
x=fmincon(fun,x0,A,b,Aeq,beq)
x=fmincon(fun,x0,A,b,Aeq,beq,lb,ub)
x=fmincon(fun,x0,A,b,Aeq,beq,lb,ub,nonlcon)
[x,fval]=fmincon(___)
```

其中，b 和 beq 是向量，A 和 Aeq 是矩阵，c(x) 和 ceq(x) 是返回向量的函数，f(x) 是返回标量的函数. f(x)、c(x) 和 ceq(x) 可以是非线性函数，x、lb 和 ub 可以作为向量或矩阵传递.

例 5 求约束非线性规划

$$\min f(x) = 100(x_2 - x_1^2)^2 + (1 - x_1)^2$$
$$\text{s. t.} \quad x_1 + 2x_2 \leqslant 1$$
$$2x_1 + x_2 = 1$$
$$x_1 \leqslant 1, x_2 \leqslant 2$$
$$x_1, x_2 \geqslant 0$$

解 程序代码如下：

```
fun=@(x)100*(x(2)-x(1)^2)^2+(1-x(1))^2;
x0=[-1,2];
A=[1,2];b=1;
Aeq=[2,1];beq=1;
lb=[0,0];ub=[1,2];
[x,fval]=fmincon(fun,x0,A,b,Aeq,beq,lb,ub)
```

输出结果：x=(0.414 9, 0.170 1)，最小值为 0.342 7.

例 6 在约束区域内求函数的最小值，即约束优化问题.

$$\min f(x) = 100(x_2 - x_1^2)^2 + (1 - x_1)^2$$
$$0 \leqslant x_1 \leqslant 0.5$$
$$0.2 \leqslant x_2 \leqslant 0.8$$
$$\left(x_1 - \frac{1}{3}\right)^2 + \left(x_2 - \frac{1}{3}\right)^2 \leqslant \frac{1}{9}$$

解 在以 (1/3,1/3) 为圆心的半径为 1/3 的圆内寻找最优解，这是一个非线性约束，先建立非线性约束条件的函数文件 circlecon. m.

```
function [c,ceq]=circlecon(x)
c=(x(1)-1/3)^2+(x(2)-1/3)^2-(1/3)^2;
ceq=[];% 没有非线性等式约束
```

主程序代码如下:

```
fun=@(x)100*(x(2)-x(1)^2)^2+(1-x(1))^2;
lb=[0,0.2];
ub=[0.5,0.8];
A=[];b=[];
Aeq=[];beq=[];
x0=[1/4,1/4];%选择一个满足所有约束的初始点
nonlcon=@circlecon;
[x,fval]=fmincon(fun,x0,A,b,Aeq,beq,lb,ub,nonlcon)
```

运行结果得到一个满足约束条件的局部最优解,x=(0.500 0,0.250 0),最小值为 0.250 0.

5.5 建模案例:碎纸片的拼接问题

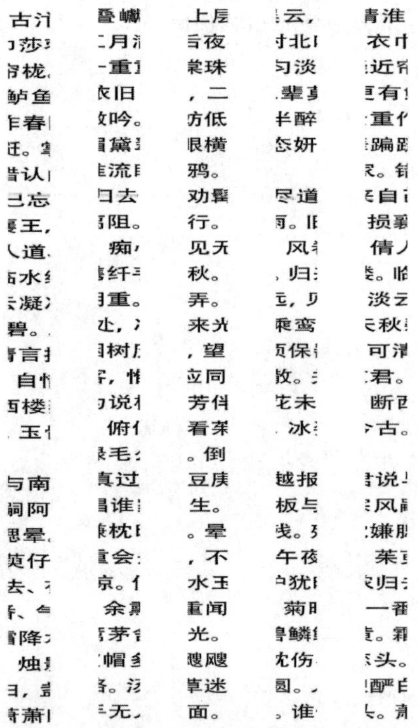

案例:(全国大学生数学建模竞赛 2013B 题)碎纸片的拼接复原.破碎文件的拼接在司法物证复原、历史文献修复以及军事情报获取等领域都有着重要的应用.传统上,拼接复原工作需由人工完成,准确率较高,但效率很低.特别是当碎片数量巨大时,人工拼接很难在短时间内完成任务.随着计算机技术的发展,人们试图开发碎纸片的自动拼接技术,以提高拼接复原效率.

问题1:对于给定的来自同一页印刷文字文件的碎纸机破碎纸片(仅纵切),建立碎纸片拼接复原模型和算法,并针对本章素材中附件1(一页中文纸被纵切为19条碎片,见图5-4)中的碎片数据进行拼接复原.如果复原过程需要人工干预,请写出干预方式及干预的时间节点.复原结果以图片形式及表格形式表达.

1. 模型假设

假设同一页中,文字的种类、行间距和段落分布情况是相同的.

2. 问题分析

本文的碎片均为矩形,且大小一样,这就给碎片的拼接带来了困难,因为难以利用碎片的轮廓信息,从而只能利用碎片边缘的图像像素信息来进行拼接.首先,对于纵切的 19 条碎纸片进行数量化处理,利用 MATLAB 软件将每张纸片读取为由 0~255 的数字组成的像素矩阵,再二值化处理成 1 980×72 的 0-1 矩阵.其次,由于如果一个汉字从中间切开,许多笔画左右相连,在切割线的两侧边缘处像素颜色相同,因此可以以此来衡量两张纸片的匹配程度.然后,先根据一页纸的页边空白确定左右两侧纸片,从最左侧的纸片开始,从剩余的纸片中找出与其匹配度最高的纸片,依次进行比对,直到最后一张.最后,按照上面

图 5-4 部分碎纸条

碎纸片的拼接问题1

寻找到的纸片顺序将每张碎纸片的像素矩阵合成一个大矩阵,利用 MATLAB 软件复原纸片,再根据情况人工干预,最后得到正确的复原纸片.

3. 模型建立

(1)利用 MATLAB 软件读取第 i 张纸片,得到它的像素矩阵:

$$F^{(i)} = (f_{kl}^{(i)})_{KL}, \quad f_{kl}^{(i)} \in [0,255]$$

扫一扫

碎纸片的拼接问题 2

其中 $K=1\,980$ 为纵向像素数,$L=72$ 为横向像素数,$1 \leqslant k \leqslant K$,$1 \leqslant l \leqslant L$.

为了方便计算,对灰度像素矩阵二值化处理,选取一个阈值将像素化为 0-1.

$$H^{(i)} = (h_{kl}^{(i)})_{KL}, \quad h_{kl}^{(i)} = 0 \text{ 或 } 1.$$

(2)定义两张纸片的匹配度.

当第 i 张碎纸片在左,将第 j 张碎纸片在右拼接时拼缝两侧列向量的距离 d_{ij} 定义为

$$d_{ij} = \sum_{k=1}^{K} (h_{kL}^{(i)} - h_{k1}^{(j)})^2$$

显然,d_{ij} 越小则第 i 张碎纸片在左,而第 j 张碎纸片在右拼接的效果越好.

(3)拼接模型.

设 $x_{ij} = \begin{cases} 1 & \text{第 } i \text{ 张纸片在左与第 } j \text{ 张纸片在右拼接} \\ 0 & \text{否则} \end{cases}$

类似于旅行商问题,建立 0-1 规划模型.以拼接碎纸片的距离总和最小为目标函数,以每张纸片的左侧只有一张碎纸片,其右侧也只有一张碎纸片,围成一圈为约束条件.得到一个圈以后,在某一处剪开,展开就得到碎纸片拼接成的一页纸,根据需要再人工干预.

$$\min Z = \sum_{i=1}^{n} \sum_{j=1}^{n} d_{ij} x_{ij}$$

$$\text{s.t} \quad \sum_{j=1}^{n} x_{ij} = 1, \quad i=1,2,\cdots,n,$$

$$\sum_{i=1}^{n} x_{ij} = 1, \quad j=1,2,\cdots,n,$$

$$u_i - u_j + n x_{ij} \leqslant n-1, \quad 1 < i \neq j \leqslant n$$

$$x_{ij} = 0,1; \quad i,j=1,2,\cdots,n.$$

4. 模型求解

上述模型可以用两种方法求解,下面分别给出程序代码.

(1)利用 LINGO 求解数学规划模型.

利用 MATLAB 计算出匹配度矩阵后,可以用 LINGO 程序求解上面的规划模型,效果比较好.LINGO 程序代码如下:

```
model:
sets:
    zhip/1..19/:u;
    link(zhip,zhip):d,x;
endsets
data:
    d=@ole('I:\juli.xls');
enddata
```

```
      n=@ size(zhip);
    min=@ sum(link:d*x);
    @ for(zhip(k):
       @ sum(zhip(j):x(k,j))=1;
       @ sum(zhip(i):x(i,k))=1;);
    @ for(link(i,j)|j#ne#I#and#i#gt# 1:u(i)-u(j)+ n*x(i,j)<=n-1;);
    @ for(link:@ bin(x));
    end
```

(2) 利用 MATLAB 按照匹配度依次拼接

因为附件 1 中只有 19 张碎纸条，每张纸条有 1 980 行像素，所以两张纸条的距离可以较好地反映拼接好坏，可以采用下面的启发式算法：先根据一页纸的页边空白确定左右两侧纸片，然后从最左侧的纸片开始，从剩余的纸片中找出与其匹配度最高的纸片，依次进行，直到最后一张；最后，按照上面寻找到的纸片顺序将每张碎纸片的像素矩阵合成一个大矩阵，利用 MATLAB 软件复原纸片。

MATLAB 程序代码如下：

```
% 先将19张纸片读取为 0-255 矩阵,再化为 0-1 矩阵,找出最左侧、最右侧纸片,求纸片间的拼接匹配度,依次按匹配度最小找出右侧的纸片.
clear
filename=dir('C:\Users\Administrator\Desktop\2013B\附件1\* .bmp');
t=19;F=cell(1,t);I=cell(1,t);
for i=1:t
    juzhen=imread(strcat('C:\Users\Administrator\Desktop\2013B\附件1\',filename(i).name));% 若把文件名改为"1.bmp..."则命令为"imread('C:\...\2013B\附件1\',num2str(i),'.bmp')";
    F{i}=juzhen;
    I{i}=im2double(juzhen);
    % 把图像数据类型转换为双精度浮点类型.如果输入图像是双精度浮点类型(double)的,返回的图像和源图像相同.如果源图像不是双精度浮点类型的,该函数将返回和源图像相同但数据类型为 double 类型的图像.
    j=find(I{i}< 1);
    I{i}(j)=0;
    j=find(I{i}==1);
    I{i}(j)=1;
    if sum(I{i}(:,1:4))==[1980 1980 1980 1980]
        c1=i;
    end
    if sum(I{i}(:,69:72))==[1980 1980 1980 1980]
        c2=i;
    end
    A(:,i)= I{i}(:,1);B(:,i)= I{i}(:,72);
end
```

```
c1,c2
imshow([F{c1},F{c2}]);
d=zeros(19,19);% 计算第 i 张纸片与右边第 j 张纸片拼接时的距离 d(i,j);
for i=1:19
  for j=1:19
    d(i,j)=sum(((B(:,i)-A(:,j)).^2));
  end
    d(i,i)=inf;
end
xlswrite('juli.xls',d)
% 依次按匹配度最小找出右侧的纸片;
N(1)=c1;N(19)=c2;R=1:19;R([c1,c2])=[];
for k=2:18
    mind=inf;
    for s=1:19-k
    if d(N(k-1),R(s))< mind
        mind=d(N(k-1),R(s));
        N(k)=R(s);ss=s;
    end
    end
    R(ss)=[];
end
N
% 画出复原图;
b=F{N(1)};
for i=2:19
    b=[b,F{N(i)}];
end
figure
imshow(b)
```

最终得到碎纸片的排列顺序见表 5-8,可用 matlab 绘制出复原纸片图.

表 5-8 碎纸片的排列顺序

序号	1	2	3	4	5	6	7	8	9	10
纸片	8	14	12	15	3	10	2	16	1	4
序号	11	12	13	14	15	16	17	18	19	
纸片	5	9	13	18	11	7	17	0	6	

习 题

1. 某厂向用户提供发动机,合同规定,第一、二、三季度末分别交货 40 台、60 台、80 台. 每季度的生产费用为 $f(x)=ax+bx^2$(万元),其中 x 是该季生产的台数. 若交货后有剩余,可用于下季度交货,但需支付存储费,每台每季度 c 万元.已知工厂每季度最大生产能力为 100 台,第一季度开始时无存货,设 $a=50, b=0.2, c=4$,工厂如何安排生产计划,才能既满足合同又使总费用最低,建立数学模型,并写出 LINGO 程序.

2. 有两个煤场 A,B,每月进煤分别不少于 60 t,100 t,它们负责供应三个城镇的用煤任务.这三个城镇每月用煤分别为 45 t、75 t、40 t.煤场 A 到三个城镇的距离分别为 10 km、5 km、6 km,煤场 B 到三个城镇的距离分别为 4 km、8 km、15 km.问如何供煤才能使总运输量(吨公里数)最小?建立数学模型并写出 LINGO 程序.

3. 某厂每日 8 h 的产量不低于 1 800 件.为了进行质量控制,计划聘请两种不同水平的检验员.一级检验员的标准为:速度 25 件/h,正确率 98%,计时工资 4 元/h;二级检验员的标准为:速度 15 h/件,正确率 95%,计时工资 3 元/h.检验员每错检一次,工厂要损失 2 元.为使总检验费用最省,该工厂应聘一级、二级检验员各几名?

4. 某炼油厂将 4 种不同含硫量的液体原料,分别记为甲、乙、丙、丁.混合生产两种产品记为 A、B.按照生产工艺的要求,原料甲、乙、丁必须首先倒入混合池中混合,混合后的液体再分别与原料丙混合生产 A、B.已知原料甲、乙、丙、丁的硫含量分别是 3%、1%、2%、1%,进货价格分别是 6,16,10,15(单位为千元/t);产品 A、B 的含硫量分别不超过 2.5%、1.5%,售价分别是 9,15(单位为千元/t);根据市场信息,原料甲、乙的供应没有限制,原料丙、丁的供应量最多为 250 t、100 t,产品 A、B 的市场需求量分别为 300 t、500 t,问应该怎样安排生产?

5. 某校经预赛选出 A,B,C,D 四名学生,将派他们去参加该地区各学校之间的竞赛.此次竞赛的四门功课考试在同一时间进行,因此每人只能参加一门,比赛结果将以团体总分计名次(不计个人名次).设下表是四名学生选拔时的成绩,问应如何组队较好?

学生	课程成绩			
	数学	物理	化学	外语
A	90	95	78	83
B	85	89	73	80
C	93	91	88	79
D	79	85	84	87

6. 某工厂生产两种标准件,A 种每个可获利 0.3 元,B 种每个可获利 0.15 元.若该厂仅生产一种标准件,每天可生产 A 种标准件 800 个或 B 种标准件 1 200 个,但 A 种标准件还需某种特殊处理,每天最多处理 600 个,A、B 标准件每天最多包装 1 000 个.问该厂应该如何安排生产计划,才能使每天获利最大.

7. 要从宽度分别为 3 m 和 5 m 的 B_1 型和 B_2 型两种标准卷纸中,沿着卷纸伸长的方向切割出宽度分别为 1.5 m,2.1 m 和 2.7 m 的 A_1 型、A_2 型和 A_3 型三种卷纸 3 000 m,10 000 m 和 6 000 m.问如何切割才能使耗费的标准卷纸的面积最少.

8. 某工厂生产两种产品 A、B,分两班生产,每周生产总时间为 80 h,两种产品的预测销售量、生产率和盈利见表.

产品	预测销售量/(万件·周$^{-1}$)	生产率/(件·h^{-1})	单位利润/(元·件$^{-1}$)
A	7	1 000	0.15
B	4.5	1 000	0.3

制定一个合理的生产方案,要求满足下列目标:(1)充分利用现有能力,避免设备闲置;(2)周加班时间限制在 10 h 以内;(3)两种产品周生产量应满足预测销售量,满足程度的权重之比等于它们单位利润之比;(4)尽量减少加班时间.

第 6 章 网络优化

图论中所谓的"图"是指某类具体事物和这些事物之间的联系. 如果我们用点表示这些具体事物, 用连接两点的线(直的或曲的)表示两个事物的特定的联系, 就得到了描述这个"图"的几何形象. 我们常见的道路、自来水管、电话线、石油管道、人际关系等网络都可以用图来表示.

图论中包括一些著名的组合优化问题, 如最小树问题、最短路问题、最大流与最小费用流问题、运输和转运问题、最优匹配和最优指派问题、旅行商问题、中国邮递员问题、关键路线法与计划评审方法等. 近几十年来, 由于计算机技术和科学的飞速发展, 大大地促进了图论研究和应用, 图论的理论和方法已经渗透到物理、化学、通信、建筑学、运筹学、生物遗传学、心理学、经济学、社会学等学科中.

为了在计算机上实现网络优化的算法, 首先我们必须有一种方法来描述图与网络. 一般来说, 算法的好坏与网络的具体表示方法, 以及中间结果的操作方案是有关系的. 这里我们介绍计算机上用来描述图与网络的常用表示方法: 邻接矩阵表示法.

邻接矩阵是表示顶点之间相邻关系的矩阵, 如图 6-1 所示. 邻接矩阵记作 $W=(w_{ij})_{n\times n}$. 当 G 为赋权图时, w_{ij} 表示顶点 v_i 与 v_j 的边的权值. 若顶点 v_i 与 v_j 之间无边, 则 w_{ij} 可以设为 0 或 ∞. 当 G 为非赋权图时, w_{ij} 表示顶点 v_i 与 v_j 之间是否有边相连, 用 0 和 1 表示.

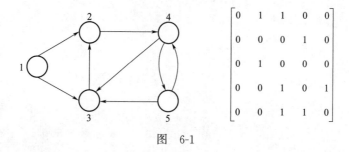

图 6-1

采用邻接矩阵表示图, 直观方便, 通过查邻接矩阵元素的值可以很容易地查找图中任意两个顶点 v_i 和 v_j 之间有无边, 以及边上的权值. 当图的实际边数很少时, 邻接矩阵中大部分元素为 0. 这时可以用稀疏矩阵表示法.

稀疏矩阵是指矩阵中零元素很多, 非零元素很少的矩阵. 对于稀疏矩阵, 只要表示出存放非零元素的行标、列标、非零元素的值即可, 可以按如下方式存储(非零元素的行地址, 非零元素的列地址), 非零元素的值, $a(1,2)=1, a(1,3)=1, \cdots$. 对于无向图, 由于邻接矩阵是对称阵,

MATLAB 中只需输入邻接矩阵的下三角元素 a,则邻接矩阵为 $a+a'$.

本章介绍图论与网络分析中有关优化问题的模型与算法. 图论是运筹学的一个分支,在此,并不全面系统介绍图论与网络的知识,而着重介绍与 MATLAB、LINGO 软件有关的组合优化模型和相应的求解过程. 图论中的最小树问题、最短路问题、最大流和最小费用流问题等已经有了多项式时间算法,但指派问题、旅行商问题等是 NP 问题,没有多项式时间算法,求解大规模的问题时只能采用近似算法,得到近似解.

6.1 最短路问题

最短路问题是图论理论的一个经典问题. 寻找最短路径就是在指定网络中两节点间找一条距离最小的路. 最短路不仅指一般地理意义上的距离最短,还可以引申到其他的度量,如时间、费用、线路容量等. Dijkstra 算法于 1959 年提出,适用于求具有非负权的有向图中的最短路. 在一个图中选择一条最短路线,也就是在图中选择一些边连成一条路,可以建立 0-1 规划模型求解. Floyd 算法通过一个图的权值矩阵变换,求出图中任意两点间的最短路径矩阵,是一种动态规划算法. 本节主要介绍求最短路的 0-1 规划方法和 Floyd 算法.

6.1.1 两个指定顶点之间最短路问题的数学规划模型

假设有向图有 n 个顶点,现需要求从顶点 v_1 到顶点 v_n 的最短路. 图的顶点集为 V,边集为 E,设 $W=(w_{ij})_{n\times n}$ 为邻接矩阵,这里 w_{ij} 表示顶点 v_i 和 v_j 之间的边的权值(即距离),若顶点 v_i 和 v_j 之间无边相连,则 $w_{ij}=\infty$. 决策变量为 x_{ij},当 $x_{ij}=1$ 时,说明边 v_iv_j 位于顶点 v_1 至顶点 v_n 的最短路上;否则 $x_{ij}=0$. 其数学规划表达式为

$$\min \sum_{v_iv_j\in E} w_{ij}x_{ij}$$

$$\text{s.t.} \begin{cases} \sum_{v_1v_j\in E} x_{1j}=1 \\ \sum_{v_iv_n\in E} x_{in}=1 \\ \sum_{v_iv_j\in E} x_{ij}=\sum_{v_jv_i\in E} x_{ji}, \quad j=2,3,\cdots,n-1. \\ x_{ij}=0,1 \end{cases}$$

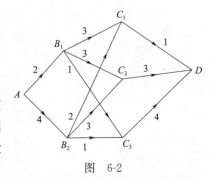

图 6-2

例 1 在图 6-2 中,用点表示城市,现有 A,B_1,B_2,C_1,C_2,C_3,D 共七个城市. 点与点之间的连线表示城市间有道路相连. 连线旁的数字表示道路的长度. 现计划从城市 A 到城市 D 铺设一条天然气管道,请设计出最小长度管道铺设方案.

解 建立数学规划模型,其 LINGO 程序代码如下:

```
model:
sets:
cities/A,B1,B2,C1,C2,C3,D/;
roads(cities,cities)/A B1,A B2,B1 C1,B1 C2,B1 C3,B2 C1,
```

```
B2 C2,B2 C3,C1 D,C2 D,C3 D/:w,x;
endsets
data:
w=2 4 3 3 1 2 3 1 1 3 4;
enddata
n=@size(cities);! 城市的个数;
min=@sum(roads:w*x);
@for(cities(i)|i #ne# 1 #and# i #ne#n:
@ sum(roads(i,j):x(i,j))=@ sum(roads(j,i):x(j,i)));
@ sum(roads(i,j)|i #eq#1:x(i,j))=1;
@ sum(roads(i,j)|j #eq#n:x(i,j))=1;
end
```

运行结果为:从城市 A 到城市 D 的最短路线为 $A \to B_1 \to C_1 \to D$,最短长度为 6.

例 2 （无向图的最短路问题）求图 6-3 中 v_1 到 v_{11} 的最短路.

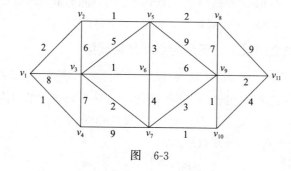

图 6-3

分析：例 1 处理的问题属于有向图的最短路问题,本例是无向图的最短路问题,在处理方式上与有向图的最短路问题有一些差别,一条无向边可以看作两条有向边.赋权邻接矩阵是对称矩阵.

解 编写 LINGO 程序代码如下：

```
model:
sets:
cities/1..11/;
roads(cities,cities):w,x;
endsets
data:
w=0;
enddata
calc:
w(1,2)=2;w(1,3)=8;w(1,4)=1;
w(2,3)=6;w(2,5)=1;
w(3,4)=7;w(3,5)=5;w(3,6)=1;w(3,7)=2;
w(4,7)=9;
w(5,6)=3;w(5,8)=2;w(5,9)=9;
w(6,7)=4;w(6,9)=6;
```

```
w(7,9)=3;w(7,10)=1;
w(8,9)=7;w(8,11)=9;
w(9,10)=1;w(9,11)=2;w(10,11)=4;
!上面只输入无向图中每一条边的长,下面语句得到两个方向边的长;
@for(roads(i,j):w(i,j)=w(i,j)+w(j,i));
@for(roads(i,j):w(i,j)=@if(w(i,j) #eq#  0, 1000,w(i,j)));
endcalc
n=@size(cities); !城市的个数;
min=@sum(roads:w*x);
@for(cities(i)|i #ne# 1 #and# i#ne#  n:
@sum(cities(j):x(i,j))=@sum(cities(j):x(j,i)));
@sum(cities(j):x(1,j))=1;
@sum(cities(j):x(j,1))=0; !不能回到顶点 1;
@sum(cities(j):x(j,n))=1;
@for(roads:@ bin(x));
end
```

与有向图相比较,在程序中只增加了一个语句@sum(cities(j):x(j,1))=0,即从顶点 1 离开后,再不能回到该顶点. 求得最短路径为 1→2→5→6→3→7→10→9→11,长度为 13.

6.1.2　任意两个顶点之间最短路问题的 Floyd 算法

计算赋权图中各对顶点之间最短路径的另一种方法是 Floyd 算法,这种算法的时间复杂度为 $o(n^3)$.

对于赋权图 $G=(V,E,A_0)$,其中顶点集 $V=\{v_1,\cdots,v_n\}$,邻接矩阵

$$A_0 = \begin{bmatrix} a_{11} & a_{12} & \cdots & a_{1n} \\ a_{21} & a_{22} & \cdots & a_{2n} \\ \vdots & \vdots & & \vdots \\ a_{n1} & a_{n2} & \cdots & a_{nn} \end{bmatrix}$$

其中 $a_{ij}(i\neq j)$ 为边 v_iv_j 的权值,当二者之间无边时 $a_{ij}=\infty$. 而且 $a_{ii}=0, i=1,2,\cdots,n$. 对于无向图,A_0 是对称矩阵,$a_{ij}=a_{ji}$.

Floyd 算法的基本思想是递推产生一个矩阵序列 $A_1,\cdots,A_k,\cdots,A_n$,其中矩阵 A_k 的第 i 行第 j 列元素 $A_k(i,j)$ 表示从顶点 v_i 到顶点 v_j 的路径上所经过的顶点序号不大于 k 的最短路径长度.

计算时用迭代公式

$$A_k(i,j)=\min(A_{k-1}(i,j),A_{k-1}(i,k)+A_{k-1}(k,j))$$

其中 k 是迭代次数,$i,j,k=1,2,\cdots,n$. 当 $k=n$ 时,A_n 即是各顶点之间的最短路长度值.

例 3　某公司在六个城市中有分公司,从 i 到 j 的直接航程票价记在下述矩阵的 (i,j) 位置上. (∞ 表示无直接航路,该图是无向图,所以距离矩阵是对称的)用 Floyd 算法求任意两个城市间的票价最便宜的路线.

$$\begin{bmatrix} 0 & 50 & \infty & 40 & 25 & 10 \\ 50 & 0 & 15 & 20 & \infty & 25 \\ \infty & 15 & 0 & 10 & 20 & \infty \\ 40 & 20 & 10 & 0 & 10 & 25 \\ 25 & \infty & 20 & 10 & 0 & 55 \\ 10 & 25 & \infty & 25 & 55 & 0 \end{bmatrix}$$

解 (1)Floyd算法的 MATLAB 程序如下：

```
clear;clc;
n=6; a=zeros(n);
a(1,2)=50;a(1,4)=40;a(1,5)=25;a(1,6)=10;
a(2,3)=15;a(2,4)=20;a(2,6)=25; a(3,4)=10;a(3,5)=20;
a(4,5)=10;a(4,6)=25; a(5,6)=55;
a=a+a'; M=1000;           %两点之间无边时边长充分大的正实数M表示
a=a+((a==0)-eye(n))*M;
path=zeros(n);
for k=1:n
  for i=1:n
    for j=1:n
      if a(i,j)>a(i,k)+a(k,j)
        a(i,j)=a(i,k)+a(k,j);
        path(i,j)=k;
      end
    end
  end
end
a, path
```

求解结果

```
a=
     0    35    45    35    25    10
    35     0    15    20    30    25
    45    15     0    10    20    35
    35    20    10     0    10    25
    25    30    20    10     0    35
    10    25    35    25    35     0
path=
     0     6     5     5     0     0
     6     0     0     0     4     0
     5     0     0     0     0     4
     5     0     0     0     0     0
     0     4     0     0     0     1
     0     0     4     0     1     0
```

注意：a 中的数字表示两点之间的最短路长度,Path 用来存放每对定点之间最短路径上所经过的顶点的序号. 如:点 1 到点 2 的最短路长度为 35,点 1、2 之间经过的点为 6,点 1、6 之间的点为 0(没有),点 6、2 之间的点为 0,所以最短路径为 1—6—2.

(2)Floyd 算法的 LINGO 程序代码如下:

```
model:
sets:
nodes/c1..c6/;
link(nodes,nodes):w,path; !path 标志两点之间最短路径上走过的 1 个点;
endsets
data:
path=0;
w=0;
@text(mydata1.txt)=w,path;
enddata
calc:
w(1,2)=50;w(1,4)=40;w(1,5)=25;w(1,6)=10;
w(2,3)=15;w(2,4)=20;w(2,6)=25;
w(3,4)=10;w(3,5)=20;
w(4,5)=10;w(4,6)=25;w(5,6)=55;
@for(link(i,j):w(i,j)=w(i,j)+w(j,i));
@for(link(i,j) |i# ne# j:w(i,j)=@if(w(i,j)# eq# 0,10000,w(i,j)));
@for(nodes(k):
@for(nodes(i):
@for(nodes(j):
tm=@smin(w(i,j),w(i,k)+w(k,j));
path(i,j)=@if(w(i,j)#gt#tm,k,path(i,j));w(i,j)=tm)));
endcalc
end
```

程序中把求解结果最短路长矩阵和路径矩阵 w、path 输出到一个新建的文本文件 mydata1.txt 中. 求两个指定点之间的最短路线问题,也可以用 Floyd 算法.

6.2 网络流问题

网络流理论是一种类比水流的解决问题的方法,与线性规划密切相关. 网络流应用于道路交通、管道运输等流量问题,主要是求最大流和最小费用问题. 现在网络流的应用已遍及通信、运输、电力、工程规划、任务分派、设备更新以及计算机辅助设计等众多领域.

6.2.1 最大流问题

给定一个有向图 $D=(V,E)$,其中 E 为弧集,在 V 中指定了发点(记为 v_s)和收点(记为 v_t),其余的点称为中间点. 对于每一个弧 $(v_i,v_j) \in E$,对应有一个容量 c_{ij}. 求从发点到收点的最大流量. 在没有收点和发点时,根据需要可以增设虚拟的发点和收点.

设每一个弧 $(v_i, v_j) \in E$ 上的流量为 f_{ij}, 总流量为 v, 则最大流问题可以写为如下线性规划模型

$$\max v$$
$$\text{s.t.} \sum_{(s,j) \in E} f_{sj} = v \text{(发点)}$$
$$\sum_{(i,t) \in E} f_{it} = v \text{(收点)}$$
$$\sum_{(i,j) \in E} f_{ij} = \sum_{(k,i) \in E} f_{ki}, \quad i \neq s, t \quad \text{(中间点)}$$
$$0 \leq f_{ij} \leq c_{ij}, \quad (i,j) \in E$$

例 1 将城市 s 的石油通过管道运送到城市 t, 中间有 4 个中转站, 城市与中转站的连接以及管道的容量如图 6-4 所示, 求从城市 s 到城市 t 的最大流量.

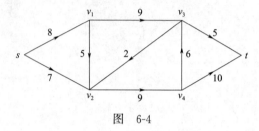

图 6-4

解 建立数学规划模型:

$$\max v$$
$$\text{s.t.} \begin{cases} f_{s1} + f_{s2} = v \\ f_{3t} + f_{4t} = v \\ f_{s1} = f_{12} + f_{13} \\ f_{s2} + f_{12} + f_{32} = f_{24} \\ f_{13} + f_{43} = f_{32} + f_{3t} \\ f_{24} = f_{43} + f_{4t} \\ 0 \leq f_{ij} \leq c_{ij}, \quad (i,j) \in E \end{cases}$$

编写 LINGO 程序代码如下:

```
model:
sets:
nodes/s,1,2,3,4,t/;
arcs(nodes,nodes)/s 1,s 3,1 2,1 3,2 3,2 t,3 4,4 2,4 t/:c,f;
endsets
data:
c=8 7 9 5 2 5 9 6 10;
enddata
n=@size(nodes); !顶点的个数;
max=flow;
@for(nodes(i)|i #ne# 1 #and# i #ne# n:
@sum(arcs(i,j):f(i,j))=@sum(arcs(j,i):f(j,i)));
@sum(arcs(i,j)|i #eq# 1:f(i,j))=flow;
```

```
@sum(arcs(i,j)|j #eq# n:f(i,j))=flow;
@for(arcs:@ bnd(0,f,c));
end
```

用 LINGO 软件求解,该网络的最大流为 14.

在上面的程序中,采用了稀疏集的编写方法. 下面的程序中利用了邻接矩阵,这种不使用稀疏集的编写方法更便于推广到复杂网络.

```
model:
sets:
nodes/s,1,2,3,4,t/;
arcs(nodes,nodes):c,f;
endsets
data:
c=0;!先把c赋值为零矩阵,再改为相应边的容量值;
@text('fdata.txt')=f;
enddata
calc:
c(1,2)=8;c(1,4)=7;
c(2,3)=9;c(2,4)=5;
c(3,4)=2;c(3,6)=5;
c(4,5)=9;c(5,3)=6;c(5,6)=10;
endcalc
n=@size(nodes);! 顶点的个数;
max=flow;
@for(nodes(i)|i #ne# 1 #and# i #ne# n:
@sum(nodes(j):f(i,j))= @sum(nodes(j):f(j,i)));
@sum(nodes(i):f(1,i))=flow;
@sum(nodes(i):f(i,n))=flow;
@for(arcs:@ bnd(0,f,c));
end
```

6.2.2 最小费用流问题

在流量一定的情况下,在实际问题中需要考虑如何选择各条管道的流量使得费用最小.

给一个有向图 $D=(V,E)$,其中 E 为弧集,在 V 中指定了发点(记为 v_s)和收点(记为 v_t),其余的点称为中间点. 对于每一个弧 $(v_i,v_j)\in E$,对应有一个容量 c_{ij} 和价格 w_{ij}. 在流量一定的情况下,如何分配各段管道中的流量使运输费用最小.

设每一个弧 $(v_i,v_j)\in E$ 上的流量为 f_{ij},总流量为 v,则最小费用流问题可以写为如下线性规划模型:

$$\min \sum_{(i,j)\in E} f_{ij}w_{ij}$$

$$\text{s.t.} \sum_{(s,j)\in E} f_{sj}=v(\text{发点})$$

$$\sum_{(i,t)\in E} f_{it} = v \text{(收点)}$$
$$\sum_{(i,j)\in E} f_{ij} = \sum_{(k,i)\in E} f_{ki}, \quad i \neq s \text{(中间点)}$$
$$0 \leqslant f_{ij} \leqslant c_{ij}, \quad (i,j) \in E$$

例 2 在例1中由于输油管道的长短不一、地质因素等原因,使每条管道上运输费用也不相同.如图6-5所示的网络,其中第1个数字是网络的容量,第2个数字是网络的单位运费.因此除考虑输油管道的最大流外,还需要考虑输油管道输送最大流的费用最小.

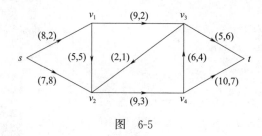

图 6-5

解 建立最小费用流数学规划模型,用 LINGO 程序求解代码如下:

```
model:
sets:
nodes/s,1,2,3,4,t/;
arcs(nodes,nodes)/s,1 s,2 1,2 1,3 2,4 3,2 3,t 4,3 4,t/:p,c,f;
endsets
data:
    p=2  8  5  2  3  1  6  4  7;
    c=8  7  5  9  9  2  5  6  10;
enddata
min=@sum(arcs:p* f);
@for(nodes(i)|i#ne# 1 #and# i #ne# @size(nodes):
    @sum(arcs(i,j):f(i,j))-@sum(arcs(j,i):f(j,i))=0);
@sum(arcs(i,j)|i#eq# 1:f(i,j))=14;
@for(arcs:@bnd(0,f,c));
end
```

计算得运输流量为14时的最小费用是205单位,而原输送方案的最大流费用为210单位.流量一定时选择不同运输方案,费用也不同,原方案并不是最优的.

图论中的最大流、最短路问题、旅行商等经典的优化问题的应用很广泛,许多问题可以转化为图论问题来解决.所以学习这些问题的求解非常重要.

例 3 某产品从3个仓库运往3个市场(市场1、2、3的需求量分别为 20 t、20 t、60 t)销售,已知从仓库到市场的每条路径的运输能力见表6-1,求从仓库运往市场的最大流量能否满足市场需求?

表 6-1

仓库	仓库供应量/t	由仓库运至各市场的运输能力/t		
		1	2	3
A	40	30	10	20
B	20	0	20	10
C	80	20	10	30

解 增设虚拟发点 S 和收点 T，S 到 3 个仓库的边上的容量为仓库的供应量，3 个市场到收点 T 的边上的容量为需求量（多于需求量就浪费了），该问题就变成了求发点 S 到收点 T 的最大流问题了，如图 6-6 所示。

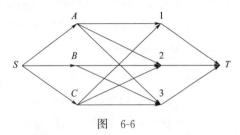

图 6-6

数学规划模型如下：

$$\max v$$
$$\text{s.t.} \quad f_{SA}+f_{SB}+f_{SC}=v \text{（发点）}$$
$$f_{1T}+f_{2T}+f_{3T}=v \text{（收点）}$$
$$\sum_{(i,j)\in E} f_{ij} = \sum_{(k,i)\in E} f_{ki}, \quad i \neq S, T \text{（中间点）}$$
$$0 \leqslant f_{ij} \leqslant c_{ij}, \quad (i,j) \in E$$

LINGO 程序代码如下：

```
model:
sets:
nodes/S,A,B,C,1,2,3,T/;
arcs(nodes,nodes)/S,A S,B S,C A,1 A,2 A,3 B,1 B,2 B,3 C,1 C,2 C,3 1,T 2,T 3,T/:c,f;
endsets
data:
c=40 20 80 30 10 20 0 20 10 20 10 30 20 20 60;
enddata
n=@size(nodes); !顶点的个数;
max=flow;
@for(nodes(i)|i #ne# 1 #and# i #ne# n:
@sum(arcs(i,j):f(i,j))= @sum(arcs(j,i):f(j,i)));
@sum(arcs(i,j)|i #eq# 1:f(i,j))=flow;
@sum(arcs(i,j)|j #eq# n:f(i,j))=flow;
@for(arcs:@bnd(0,f,c));
end
```

用 LINGO 软件求解，该网络的最大流为 90，而需求量为 100，显然不能满足市场需求。

6.3 旅行商问题

一名推销员准备前往若干城市推销产品,然后回到他的出发地.如何为他设计一条最短的旅行路线(从驻地出发,经过每个城市至少一次,最后返回驻地)?这个问题称为旅行商问题(TSP),也称为最佳推销员回路问题.

若用顶点表示城市,边表示连接两城市的路,边上的权表示距离(或时间、或费用),于是旅行商问题就成为在加权图中寻找一条经过每个顶点至少一次的最短回路问题.旅行商问题是 NP 问题,对于大规模的旅行商问题目前还没有有效算法.可以采用一些近似算法得到一个满意解,但不一定是最优的解.下面先介绍旅行商问题与哈密尔顿圈的关系.

6.3.1 哈密尔顿圈

定义 1 设 $G=(V,E)$ 是连通无向图.
(1) 经过 G 的每个顶点正好一次的路径,称为 G 的一条**哈密尔顿路**.
(2) 经过 G 的每个顶点正好一次的圈,称为 G 的**哈密尔顿圈**.

定义 2 在加权图 $G=(V,E)$ 中,权最小的哈密尔顿圈称为**最佳哈密尔顿圈**.

一般说来,最佳哈密尔顿圈不一定是最佳推销员回路,同样最佳推销员回路也不一定是最佳哈密尔顿圈.如图 6-7 所示,最佳哈密尔顿圈 v_1-v_2-v_3-v_1 的长为 22,而最佳推销员回路 v_1-v_2-v_1-v_3-v_1 的长为 4.

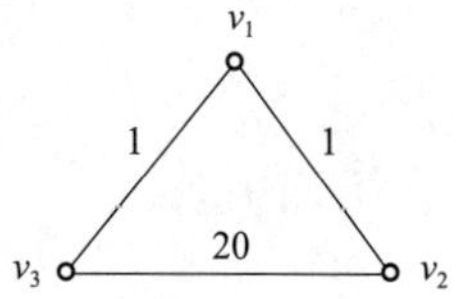

定理 1 在加权图 $G=(V,E)$ 中,若对任意 $i,j,k \in V, k \neq i, k \neq j$ 都有

$$w(i,j) \leqslant w(i,k)+w(k,j)$$

图 6-7

则图 G 的最佳哈密尔顿圈也是最佳推销员回路.

在赋权图中,边的权值满足三角不等式的情况下,最佳推销员回路问题可转化为最佳哈密尔顿圈问题.方法是由给定的图 $G=(V,E)$ 构造一个以 V 为顶点集的完备图 $G'=(V,E')$,E' 的每条边 (i,j) 的权值等于顶点 i 与 j 在图中最短路径的权值.

定理 2 加权图 G 的最佳推销员回路的权值与 G' 的最佳哈密尔顿圈的权值相等.

6.3.2 旅行商问题的数学规划模型

设一个推销员从城市 1 出发,要遍访城市 $2,3,\cdots,n$ 各一次,最后返回城市 1.已知从城市 i 到 j 的旅费为 c_{ij},假设各边的权值满足三角不等式,应按怎样的次序访问这些城市使得总旅费最少?

这个问题也就是从图中所有的边中选择一些边构成一个哈密尔顿圈,这样可以把旅行商问题表示成 0-1 整数规划模型.设 0-1 整数变量

$$x_{ij}=\begin{cases}1 & \text{巡回路线是从 } i \text{ 到 } j, \text{且 } i \neq j \\ 0 & \text{其他情况}\end{cases}$$

建立混合整数线性规划模型:

$$\min z=\sum_{i \neq j} c_{ij} x_{ij}$$

$$\text{s.t.} \quad \sum_{j=1}^{n} x_{ij}=1, \quad i=1,2,\cdots,n$$

$$\sum_{j=1}^{n} x_{ij} = 1, \quad j = 1, 2, \cdots, n$$

$$u_i - u_j + n x_{ij} \leqslant n - 1, \quad 2 \leqslant i \neq j \leqslant n$$

$$x_{ij} = 0, 1, \quad i, j = 1, 2, \cdots, n$$

$$u_i \geqslant 0, \quad i = 2, 3, \cdots, n$$

其中 u_i 为整数表示访问城市 i 的顺序,若 $x_{ij}=1$,则 $u_j = u_i + 1$. 为了避免产生多个子圈,所以附加了约束条件 $u_i - u_j + n x_{ij} \leqslant n-1$. 这个模型是整数规划,模型中包含的整数变量个数为 n^2,城市个数很多时,模型计算量大则用时较长,求解会非常困难.

一般城市之间的边的长度不一定满足三角不等式,所以得到的最优哈密尔顿圈并不是推销员的最优巡回路线,所以不能直接运用上面的模型.

例 1 下面以 10 个城市的最优巡回路线为例说明旅行商问题的求解方法.

首先利用 Floyd 算法求得 10 个城市间的最短距离矩阵 d,然后利用 0-1 规划模型求这 10 个城市的最优巡回路线. LINGO 程序代码如下:

```
model:
sets:
city/1..10/: u;
link(city,city): d, x;
endsets
n=@ size(city);
data:
d=0    1    77   52   95   36   68   100  122  70
   1    0    78   51   96   37   67   99   123  71
   77   78   0    120  143  104  124  120  123  70
   52   51   120  0    88   88   87   55   137  80
   95   96   143  88   0    59   133  127  145  93
   36   37   104  88   59   0    100  68   86   34
   68   67   124  87   133  100  0    32   89   81
   100  99   120  55   127  68   32   0    121  93
   122  123  123  137  145  86   89   121  0    57
   70   71   70   80   93   34   81   93   57   0;
enddata
min=@ sum(link:d * x);
@FOR(city(K):@sum(city(I)|I#ne# K:x(I,K))=1);
@FOR(city(K):@sum(city(j)|j#ne# K:x(K,j))=1);
@for(city(I)|I#gt#1:@for(city(J)|J#gt# 1 #and# I #ne# J:u(I)- u(J)+ n * x(I,J)<=n-1));
@for(city(I)|I#gt# 1:u(I)<=n-2);
@for(link:@ bin(x));
end
```

求得结果为:最优哈密尔顿圈长度为 565,路线为 1—2—6—5—4—8—7—9—10—3—1.

当城市个数较大(大于 30)时,该混合整数线性规划问题的规模会很大,从而给求解带来很大问题. 0-1 规划模型只能解决小规模的旅行商问题. 对于大规模的旅行商问题没有有效的算法, 只能给出近似算法.

6.3.3 改良圈算法(二边逐次修正法)

对于大规模的旅行商问题,我们可以采用不断改良圈的方法(见图 6-8)得到较好的回路,步骤如下:

(1)任取初始哈密尔顿圈: $C_0 = v_1 v_2 \cdots v_i \cdots v_j \cdots v_n v_1$.

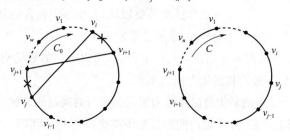

图 6-8

(2)对所有的 $i, j, 1 < i+1 < j < n$,若 $w(v_{i+1}, v_{j+1}) + w(v_i, v_j) < w(v_i, v_{i+1}) + w(v_j, v_{j+1})$,则在 C_0 中删去边 (v_i, v_{i+1}) 和 (v_j, v_{j+1}),而加入边 (v_i, v_j) 和 (v_{i+1}, v_{j+1}),得到一个权较小的新的哈密尔顿圈 C,即

$$C = v_1 v_2 \cdots v_i v_j v_{j-1} \cdots v_{i+1} v_{j+1} \cdots v_n v_1.$$

(3)对 C 重复步骤(2),直到无法改进为止,停止.

注意:所得到的路线与初始圈有关,最终的结果只是无法再改进了,但不能保证就是最优解. 因此改良圈算法得到的是近似解.

例 2 用二边逐次修正法求较优哈密尔顿圈.

改良圈法求解过程如图 6-9 所示.

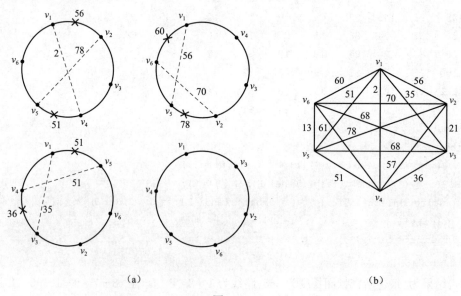

(a)   (b)

图 6-9

例 3 乘飞机在六个城市(分别记为 Pe、T、N、M、L、Pa)巡回旅游,各城市之间的航线距离见表 6-2. 从城市 Pe 出发,每城市恰好去一次,最后再回到起点,应如何安排旅游路线使旅程最短? 用修改圈算法求一个近似解.

表 6-2 单位:百公里

	L	M	N	Pa	Pe	T
L		56	35	21	51	60
M	56		21	57	78	70
N	35	21		36	68	68
Pa	21	57	36		51	61
Pe	51	78	68	51		13
T	60	70	68	61	13	

用 1、2、3、4、5、6 分别对应城市 L、M、N、Pa、Pe、T,根据修改圈算法编写 MATLAB 主程序如下:

```
clc,clear
global a
a=zeros(6);
a(1,2)=56;a(1,3)=35;a(1,4)=21;a(1,5)=51;a(1,6)=60;
a(2,3)=21;a(2,4)=57;a(2,5)=78;a(2,6)=70;
a(3,4)=36;a(3,5)=68;a(3,6)=68; a(4,5)=51;a(4,6)=61;
a(5,6)=13; a=a+ a'; L=size(a,1);
c1=[5 1:4 6];
[circle,long]=modifycircle(c1,L);
c2=[5 6 1:4];%改变初始圈,该算法的最后一个顶点不动,初始圈不同结果也不同
[circle2,long2]=modifycircle(c2,L);
if long2<long
    long=long2;
    circle=circle2;
end
circle,long
```

修改圈的子函数程序

```
function [circle,long]= modifycircle(c1,L);
global a
flag=1;
while flag>0
    flag=0;
    for m= 1:L-3
        for n= m+ 2:L-1
            if a(c1(m),c1(n))+ a(c1(m+ 1),c1(n+ 1))< ...
                a(c1(m),c1(m+ 1))+ a(c1(n),c1(n+ 1))
```

```
                    flag=1;
                    c1(m+1:n)= c1(n:-1:m+1);
                end
            end
        end
    end
end
long= a(c1(1),c1(L));
for i=1:L-1
    long=long+a(c1(i),c1(i+1));
end
circle=c1,long
```

求得近似圈为 Pe→Pa→L→N→M→T→Pe, 近似圈的长度为 211 百公里. 此问题城市个数少, 可用数学规划模型求得精确最短长度也为 211, 这里的近似算法凑巧求出了最优解.

用改良圈算法得到的结果几乎可以肯定不是最优的. 为了得到更高的精确度, 可以选择不同的初始圈, 重复进行几次算法, 以求得较精确的结果. 但可证最佳哈密尔顿圈的长度的下界: 去掉任一点后的最小树的权与该点相邻的两条最小边的权之和.

$$\min_{i \notin T}\{w(T)\} + \min\{w(i,j) + w(i,k)\}$$

6.4 建模案例: 钢管订购和运输问题

案例: (2000年全国大学生数学建模竞赛 B 题) 要铺设一条 $A_1 \to A_2 \to \cdots \to A_{15}$ 的输送天然气的主管道, 如图 6-10 所示. 经筛选后可以生产这种主管道钢管的钢厂有 $S_1, S_2, \cdots, S_7$. 图中粗

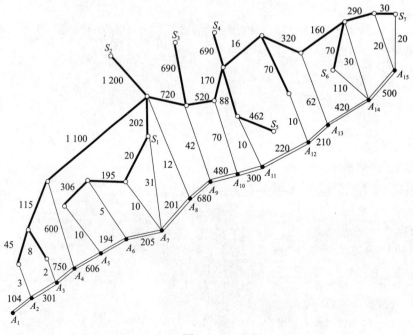

图 6-10

线表示铁路,单细线表示公路,双细线表示要铺设的管道(假设沿管道或者原来有公路,或者建有施工公路),圆圈表示火车站,每段铁路、公路和管道旁的阿拉伯数字表示里程(单位:km).1 km 钢管称为一单位钢管.

一个钢厂如果承担制造这种钢管,至少需要生产 500 个单位.钢厂 S_i 在指定期限内能生产该钢管的最大数量为 s_i 个单位,钢管出厂销价一单位钢管为 p_i 万元,见表 6-3:

扫一扫
钢管订购与
运输问题 1

表 6-3

i	1	2	3	4	5	6	7
s_i	800	800	1 000	2 000	2 000	2 000	3 000
p_i	160	155	155	160	155	150	160

一单位钢管的铁路运价见表 6-4.

表 6-4

里程/km	≤300	301～350	351～400	401～450	451～500
运价/万元	20	23	26	29	32
里程/km	501～600	601～700	701～800	801～900	901～1 000
运价/万元	37	44	50	55	60

扫一扫
钢管订购与
运输问题 2

注意:1 000 km 以上每增加 1 km 至 100 km,运价增加 5 万元.公路运输费用为一单位钢管 0.1 万元(不足整千米部分按整千米计算).钢管可由铁路、公路运往铺设地点(不只是运到点 A_1, A_2,…,A_{15},而是管道全线).

1. 问题描述

(1)针对图 6-10 的钢管运输与铺设路线,请制定一个主管道钢管的订购和运输计划,使总费用最小(给出总费用).

(2)请就(1)的模型分析:哪个钢厂钢管的销价的变化对购运计划和总费用影响最大,哪个钢厂钢管产量上限的变化对购运计划和总费用的影响最大,并给出相应的结果.

(3)如果要铺设的管道不是一条线,而是一个树形图,铁路、公路和管道构成网络,请就这种更一般的情形给出一种解决办法,并对树形图 6-11 按(1)的要求给出模型和结果.

2. 问题分析

"钢管订购和运输"是一道离散优化的问题.它的目标是针对两种不同的天然气输送管道的铺设要求,制定使总费用最小的钢管订购运输计划.

要制定出使总费用最小的订购和运输计划,首先需要计算出单位长度的钢管从各钢厂 S_i 到需铺设的主管道上各枢纽点 A_j 的最小费用 C_{ij}.由于钢管可以通过铁路和公路运往铺设地点,其中公路段的运费是运输里程的线性函数,而铁路段的运费则是分段阶跃的常数函数,因此在计算时,不管对运输总里程还是对费用而言,都不具有可加性.所以先用 Floyd 算法分别计算公路、铁路网络上各节点间的运输费用,再把公路和铁路网作为一个整体考虑,求各钢厂到各主管道上各枢纽点的最小运费.

对于每一段待铺设的管线 $A_j A_{j+1}$ 中的任一铺设点 P 而言,从某一钢厂 S_i 将钢管运到 P

点无外乎有通过 A_j 和通过 A_{j+1} 两种可能.显然,这两种走法的运费是不同的.对于每一段管线,都会有一个平衡点(即两种走法运价相同的点).在该平衡点的两侧,应该分别采用两种走法.值得注意的是,对于同一段管线,这种运价的平衡点又会因运出钢厂的不同而异.因此绝不可以将运到枢纽点 A_j 和运到具体的铺设点割裂开来考虑.那种采用普通的运输问题模型先将各厂的钢管运到各枢纽点 A_j,再由 A_j 起向各方向铺设的"两步走"的模型是完全错误的.因此,我们要将订购、运输、铺设一起综合考虑,建立一个总费用最小的数学规划模型来解决.

此外,还需要对数学规划模型进行灵敏度分析,观察哪一家钢厂钢管销价的变化以及产量上限的变化对购运方案和总费用的影响最大.

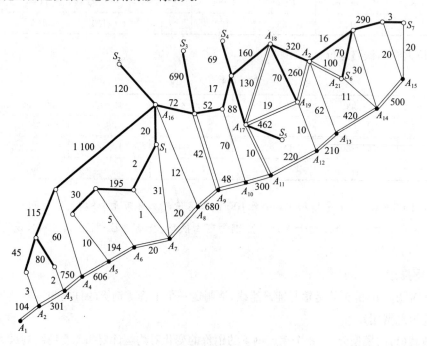

图 6-11

3. 求各钢厂到主管道上枢纽点的运输费用

公路运费是里程的线性函数,而铁路运费是里程的分段阶跃函数,故总运费不具可加性.所以分别在铁路、公路网上计算最短路径,然后换算成相应的费用,最后在整个网络上以两个子网上相应的运费为权,再求一次最短路问题,就可以把它们统一成一个标准的运费矩阵.

在无向网络上求任意两点之间最短路的算法很多,尤其边上的权为整数的情况,存在较简单的算法.例如 Floyd 算法

$$\begin{cases} u_{ii}^{(1)}=0, \\ u_{ij}^{(1)}=w_{ij}, & i \neq j, \\ u_{ij}^{(k+1)}=\min\{u_{ij}^{(k)},u_{ik}^{(k)}+u_{kj}^{(k)}\}, & i,j,k=1,\cdots,n. \end{cases}$$

这实际上是一种标号算法,其中 $u_{ij}^{(k)}$ 是任意两个节点 i,j 之间距离的临时标号,即从节点 i 到 j 且所经过的节点序号不大于 k 的最短距离,$u_{ij}^{(n+1)}$ 就是所求的最短距离.Floyd 算法可以用 LINGO 和 MATLAB 求解.

(1)铁路子网络. 由于钢厂 S_i 直接与铁路相连,所以可先求出钢厂 S_i 到铁路与公路相交点 $B_1,B_2,\cdots,B_{17}$ 的最短距离. 然后换算成相应的费用.

(2)公路子网络. 同理可得铁路与公路相交点 $B_1,B_2,\cdots,B_{17}$ 到铺设点 $A_1,A_2,\cdots,A_{15}$ 的最短距离及最小运费.

(3)购运费用矩阵. 将以上两个子网络组合成一个网络,每条弧 (i,j) 上的运费 c_{ij}^1 或 c_{ij}^2 为权(如果某条弧上既有铁路又有公路,只取运费中较小的一个). 再计算从每个钢厂 S_i 到每个节点 A_j 的最短路,即最小运费 c_{ij}. 算法仍然采用 Floyd 算法,运行后得到一个 7 行,每行 15 个数据的混合运输费用 c_{ij} 矩阵. 再加上第 i 个钢厂的采购费用,则可得如下购运费用矩阵 p_i+c_{ij}.

表 6-5　　　　　　　　　　　　　　　　　　　　　　　　　　　　　单位:元

钢厂 S_i	到节点 A_j 的最小运费														
	A_1	A_2	A_3	A_4	A_5	A_6	A_7	A_8	A_9	A_{10}	A_{11}	A_{12}	A_{13}	A_{14}	A_{15}
S_1	320.3	300.2	258.6	198	180.5	163	181.2	224.2	252	256	266	281.2	288	302	
S_2	360.3	345.2	326.6	266	250.5	241	226.2	269.2	297	301	311	326.2	333	347	
S_3	375.3	355.2	336.6	276	260.5	251	241.2	203.2	237	241	251	266.2	273	287	
S_4	410.3	395.2	376.6	316	300.5	291	276.2	244.2	222	211	221	236.2	243	257	
S_5	400.3	380.2	361.6	301	285.5	276	266.2	234.2	212	188	206	226.2	228	242	
S_6	405.3	385.2	366.6	306	290.5	281	271.2	234.2	212	201	195	176.2	161	178	
S_7	425.3	405.2	386.6	326	310.5	301	291.2	259.2	237	226	216	198.2	186	162	

4. 订购和运输模型及求解

记第 i 个钢厂的采购费用为 p_i,最大供应量为 s_i,最小供应量为 500,从第 i 个钢厂到铺设节点 j 的费用为 c_{ij},管线 A_jA_{j+1} 段需要铺设的钢管数量为 b_j 根. 设决策变量:f_i 表示第 i 个钢厂是否使用;x_{ij} 是从第 i 个钢厂到铺设节点 A_j 的钢管量;y_j 是从节点 j 向左铺设的钢管量;z_j 是从节点 j 向右铺设的钢管量. 建立模型如下

$$\min \sum_{i,j}(p_i+c_{ij})x_{ij}+\frac{0.1}{2}\sum_{j=1}^{15}[(1+y_j)y_j+(1+z_j)z_j]$$

$$\text{s.t.} \quad 500f_i \leqslant \sum_{j=1}^{15}x_{ij} \leqslant s_i \times f_i, \quad i=1,\cdots,7.$$

$$\sum_{i=1}^{7}x_{ij} \leqslant y_j+z_j, \quad j=1,\cdots,15.$$

$$y_{j+1}+z_j=b_j, \quad j=1,\cdots,14.$$

$$y_1=z_{15}=0,$$

$$f_i=0,1, \quad i=1,\cdots,7.$$

$$y_j,z_j \text{ 是整数}, \quad j=1,\cdots,15.$$

LINGO 程序如下:

```
MODEL:
SETS:
    supply/S1..S7/:S,P,f;
    need/A1..A15/:b,y,z;
    link(supply, need): C, X;
```

```
ENDSETS
DATA:
    s=800 800 1000 2000 2000 2000 3000;
    p=160 155 155 160 155 150 160;
    b=104, 301, 750, 606, 194, 205, 201, 680, 480, 300, 220, 210, 420, 500;
    c=@text(finalcost.txt);
    @text (FinalResult_x.txt)=x;
    @text (FinalResult_y.txt)=y;
    @text (FinalResult_z.txt)=z;
ENDDATA
MIN=@ sum(link(i,j):(c(i,j)+p(i)) * x(i,j)) + 0.05 * @ sum(need(j):y(j)^2+y(j)+z(j)^2+z(j));
@for(supply(i): [con1] @sum(need(j):x(i,j))<=s(i)*f(i));
@for(supply(i): [con2] @sum(need(j):x(i,j))>=500*f(i));
@for(need(j): [con3] @sum(supply(i):x(i,j))=y(j)+z(j));
@for(need(j)|j# NE# 15: [con4] z(j)+ y(j+1)=b(j));
y(1)=0; z(15)=0;
@ for(supply: @bin(f));
@ for(need: @gin(y));
@ for(link: @gin(x));
END
```

求解模型得到 7 个钢厂的订购钢管数量分别为 800、800、1 000、0、1 015、1 556、0,最优目标函数值为 1 278 632 元,这也是最佳的运输量计划.

问题 1 的订购和调运方案见表 6-6.

表 6-6

钢厂编号	订购数量/根	至各节点的运输量/根												
		A_2	A_3	A_4	A_5	A_6	A_7	A_8	A_9	A_{10}	A_{11}	A_{12}	A_{13}	A_{14}	A_{15}
S_1	800	0	201	133	200	266	0	0	0	0	0	0	0	0
S_2	800	179	11	14	295	0	0	300	0	0	0	0	0	0
S_3	1 000	139	11	186	0	0	0	664	0	0	0	0	0	0
S_4	0	0	0	0	0	0	0	0	0	0	0	0	0	0
S_5	1 015	0	358	242	0	0	0	0	0	415	0	0	0	0
S_6	1 556	0	0	0	0	0	0	0	0	351	86	333	621	165
S_7	0	0	0	0	0	0	0	0	0	0	0	0	0	0

以上方法可以很容易地推广到问题(3). 模型如下

$$\min \sum_{i=1}^{7} \sum_{j=1}^{21} c_{ij} x_{ij} + 0.05 \sum_{j=1}^{21} \sum_{(jk) \in E} (y_{jk}^2 + y_{jk})$$

$$\text{s.t.} \quad \sum_{j=1}^{21} x_{ij} \in \{0, [500, s_i]\}, \quad \sum_{i=1}^{7} x_{ij} = \sum_{(jk) \in E} y_{jk},$$

$$y_{jk} + y_{kj} = b_{jk}, \quad x_{ij}, y_{jk} \geq 0,$$

其中(j,k)是连接A_j,A_k的边,E是树形图的边集,b_{jk}是(j,k)的长度,y_{jk}是由A_j沿(j,k)铺设的钢管数量.

5. 对模型1的灵敏度分析

(1)确定哪个钢厂的售价,哪个钢厂钢管的销价的变化对购运计划和总费用影响最大.

假定钢厂售价的变化幅度在10%以内比较合理,把总费用w看作p_i的多元函数

$$w = f(p_1, p_2, \cdots, p_7)$$

$$\Delta w = \frac{\partial f}{\partial p_1}\Delta p_1 + \frac{\partial f}{\partial p_2}\Delta p_2 + \cdots + \frac{\partial f}{\partial p_7}\Delta p_7$$

当销价的变化量相同时,$\frac{\partial f}{\partial p_i}$越大,则$p_i$的变化对$w$的变化的影响越大.

由模型1的计算结果可知,$\frac{\partial f}{\partial p_5} = \sum_{j=1}^{15} x_{5j} = 1\ 366$是最大的,所以$S_5$的销价的变化对购运计划和总费用的影响最大. 显然$S_5$的销量最大,只要销价发生很小变化都会引起总费用的较大变化. 若S_5价格变高,销量会下降,那么影响也会缓慢减弱.

(2)确定哪个钢厂钢管的产量的上限的变化对购运计划和总费用的影响最大.

从模型1的结果可以看出,钢厂S_1,S_2,S_3的销量达到了产量上限,钢厂S_5,S_6的销量远未达到上限,钢厂S_4,S_7的销量为0.所以提高钢厂S_1,S_2,S_3的上限,可以降低总费用.利用计算机模拟,得到5个钢厂在分别扩建1%、2%、5%、10%、20%的情况下节省的费用以及相应的节省率(略). 从中可以直观地看出每个钢厂产量上限的变化对总费用的影响程度. 其中S_1的影响最大. 但是上限超过一定程度之后,对总费用的影响率也会为0.

资源拓展

中国邮递员问题是邮递员在某一地区的信件投递路程问题.邮递员每天从邮局出发,走遍该地区所有街道再返回邮局,问题是如何安排送信的路线可以使所走的总路程最短. 这个问题由中国学者管梅谷教授在1960年首先提出,并给出了解法"奇偶点图上作业法",国际上统称为"中国邮递员问题".用图论的语言描述,就是对于给定的一个连通图,要求一条回路使得经过每条边至少一次,且总长度最短.与旅行商问题一样,中国邮递员问题也是著名的图论问题之一.

习　题

1. 求图6-12所示有向网络中自点v_1到其他点的最短路径和最短距离.

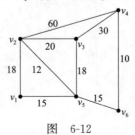

图 6-12

2. 如图 6-13 所示带有运费的网络，求从 v_s 到 v_t 的最小费用最大流，其中弧上权的第 1 个数字是网络的容量，第 2 个数字是网络的单位运费。

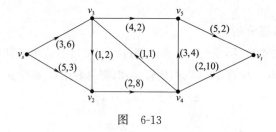

图 6-13

3. 如图 6-14 所示，铺设从 A 到 F 的天然气管道，各边的数字为费用，求费用最小的铺设路线。

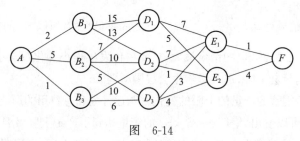

图 6-14

4. 将城市 s 的石油通过管道运送到城市 t，中间有 4 个中转站，城市与中转站的连接以及管道的容量如图 6-15 所示。由于输油管道的长短不一，或地质等原因，使每条管道上运输费用也不相同，图 6-15 所示是带有运费的网络，其中第 1 个数字是网络的容量，第 2 个数字是网络的单位运费。建立线性规划模型求输油管道输送流量最大的最小费用。

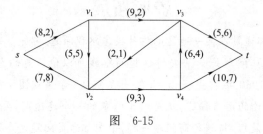

图 6-15

5. 已知图 6-16 中各边长度，求 8 个点中任意两个点之间的最短路线，给出 Floyd 算法及其程序。

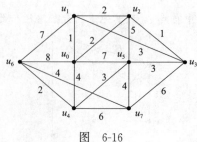

图 6-16

第 7 章 数据的描述性统计

概率论与数理统计是现代数学的一个重要分支,它主要研究自然界、人类社会及技术过程中大量随机现象的统计性规律.其理论与方法不仅被广泛应用于自然科学、社会科学、管理科学以及工农业生产中,而且不断地与其他学科相互融合和渗透.概率论的主要内容是随机变量及其分布,计算各种随机现象的概率与数字特征.

大数据时代已经降临,在商业、经济及其他领域中,决策将日益基于数据和分析而作出,而并非基于经验和直觉.数据蕴含价值,数据挖掘与数据分析显得日益重要.数据的统计分析分为统计描述和统计推断两部分.数据的描述性统计是统计推断的基础,主要包括计算反映数据的集中趋势、离散程度、数据分布的基本统计量与绘制统计图形,获取有价值的数据信息.通过对有限的、不确定的样本数据进行统计分析,进而对整个总体做出统计推断或决策.数据规模越大,数据的统计分析就越离不开计算软件.熟练掌握编程语言是必备的一项技能.

Python 语言具有简单、易学、易读、免费、开源、可移植性强以及用途广泛的特点,在国内外用 Python 做科学计算的研究机构日益增多.它提供了丰富的标准库,以可以帮助处理各种工作. Python 进行数据分析常用的库有: numpy、pandas、matplotlib、statsmodels、scipy 与 scikit-learn 等. numpy 是一个用于实现科学计算的库,不仅支持大量的维度数组与矩阵运算,还针对数组运算提供大量的数学函数库. pandas 主要为 Python 提供高性能、易于使用的数据结构和数据分析工具. pandas 的数据结构中有两种类型,分别是 Series 与 DataFrame,其中 Series 是一维数组,它和 numpy 中的一维数组类似. Series 可以保存多种类型的数据,如布尔值、字符串、数字类型等. DataFrame 是一种以表格形式的数据结构,类似于 Excel 表格,它是一种二维的表格型数据结构. matplotlib 是一个 Python 绘图库,为 Python 编程提供了一个数据绘图包,它不仅可以绘制 2D 图表,还可以绘制 3D 图表,可以方便地实现数据的可视化. scipy 是许多数学、工程和数据研究中使用的数值算法和特定领域工具箱的集合.其中 scipy.stats 是一个包含大量概率分布和统计函数库的模块,特别是概率函数. scikit-learn 库是一个简单有效的数据挖掘和数据分析工具, scikit-learn 模块是基于 numpy、scipy 基础上的模块.该模块将很多机器学习算法进行了封装,即使对算法不是很熟悉的用户也可以通过调用函数的方式轻松建模. sklearn 模块可以实现数据的预处理、分类、回归、PCA 降维、模型选择等工作.它是实现数据分析时必不可少的一个模块库.

随着数据分析在各个行业的广泛应用,数据分析工具的选择变得越来越重要. Python 语言具有易于学习和使用的特点,且拥有丰富的数据分析库,这些库提供了丰富的函数和方法,用于数据处理、数据分析、统计建模和可视化等任务. Python还被广泛应用于科学计算、大数据分析、人工智能、机器学习、工业工程、金融和互联网等领域,因此,Python在数据分析中更便于与其他任务和工作流程无缝集成.

7.1 概率论基础知识

简单地说,随机变量是指随机事件的数量表现,是用数值表示的随机事件的函数.按照随机变量可能取得的值,可以把它们分为两种基本类型:离散型和连续型.

离散型随机变量即在一定区间内变量取值为有限个或可数个,主要分为伯努利随机变量、二项随机变量、几何随机变量和泊松随机变量.连续型随机变量即在一定区间内变量取值为实数.

7.1.1 随机变量的分布

随机变量的分布函数:设 ξ 为一随机变量,对任意的实数 x 有函数

$$F(x) = P(-\infty < \xi \leqslant x) = P(\xi \leqslant x)$$

该函数称为随机变量 ξ 的分布函数.

对任意两个实数 $x_1, x_2 (x_1 < x_2)$,则有

$$P(x_1 < \xi \leqslant x_2) = F(x_2) - F(x_1)$$

如果 ξ 为离散型随机变量,所有的取值为 $x_k, k=1,2,\cdots$,则称 $P(\xi = x_k) = p_k$ 为随机变量 ξ 的分布列,其相应的分布函数为

$$F(x) = \sum_{x_k \leqslant x} p_k$$

如果 ξ 为连续型随机变量,则分布函数定义为 $F(x) = \int_{-\infty}^{x} f(x) \mathrm{d}x$,其中 $f(x)$ 为一个非负可积函数,称之为随机变量 ξ 的分布密度,或密度函数.

7.1.2 常见的概率分布

(1) 两点分布. 设随机变量 ξ 只取 0 或 1 两个值,它的分布列为 $P(\xi=k) = p^k(1-p)^{1-k}, k=0,1$,则称 ξ 服从于两点分布,且 $E\xi = p, D\xi = p(1-p)$.

(2) 二项分布. 设随机变量 ξ 可能的取值为 $0,1,2,\cdots,n$,且分布列为

$$P(\xi=k) = C_n^k p^k (1-p)^{1-k}, \quad k=0,1,2,\cdots,n$$

则称 ξ 服从二项分布,且 $E\xi = np, D\xi = np(1-p)$.

(3) 泊松分布. 设随机变量 ξ 可取所有非负整数值,且分布列为

$$P(\xi=k) = \frac{\lambda^k}{k!} \mathrm{e}^{-\lambda}, \quad k=0,1,2,\cdots$$

其中 $\lambda > 0$,则称 ξ 服从泊松分布,且 $E\xi = \lambda, D\xi = \lambda$.

(4) 均匀分布. 设 ξ 为连续随机变量,其分布密度为

$$f(x)=\begin{cases}\dfrac{1}{b-a} & x\in[a,b]\\ 0 & x\notin[a,b]\end{cases}$$

则称 ξ 服从 $[a,b]$ 上的均匀分布,且 $E\xi=\dfrac{a+b}{2}$,$D\xi=\dfrac{1}{12}(b-a)^2$.

(5)正态分布. 若随机变量 ξ 分布密度函数:

$$f_{\mu\sigma}(x)=\dfrac{1}{\sqrt{2\pi}\sigma}\mathrm{e}^{-\frac{(x-\mu)^2}{2\sigma^2}}$$

则称 ξ 服从正态分布 $N(\mu,\sigma^2)$,记为 $\xi\sim N(\mu,\sigma^2)$.

(6)χ^2 分布. 若 n 个相互独立的随机变量 $\xi_1,\xi_2,\cdots,\xi_n$ 都服从 $N(0,1)$,则 $\xi=\sum\limits_{k=1}^{n}\xi_k^2$ 服从自由度为 n 的 χ^2 分布,记作 $\chi^2(n)$.

(7)t 分布. 设随机变量 $\xi\sim N(0,1)$,$\eta\sim\chi^2(n)$,且相互独立,则 $T=\dfrac{\xi}{\sqrt{\eta/n}}$ 服从自由度为 n 的 t 分布,记为 $T\sim t(n)$.

(8)F 分布. 设随机变量 $\xi\sim\chi^2(m)$,$\eta\sim\chi^2(n)$,且相互独立,则 $F=\dfrac{\xi/m}{\eta/n}$ 服从自由度为 m 及 n 的 F 分布,记为 $F\sim F(m,n)$.

7.1.3 随机变量的概率及数字特征的计算

可以使用 Python 软件的 scipy.stats 模块做简单的统计分析. scipy.stats 模块包含了多种概率分布的随机变量.

1. 连续型随机变量

在 scipy.stats 模块,对连续型随机变量提供了如下方法:

rvs:产生随机数,可以通过 size 参数指定输出的数组的大小.

pdf:随机变量的概率密度函数.

cdf:随机变量的分布函数.

ppf:分布函数的反函数.

stats:计算随机变量的均值、方差、偏度和峰度.

fit:对一组随机样本利用极大似然估计法,估计总体中的未知参数.

随机变量的分布的函数名称如下:均匀分布为 uniform;指数分布为 expon;正态分布为 norm;χ^2 分布为 chi2;t 分布为 t、F 分布为 f. 计算随机变量的某个函数时要把分布的名称与函数名称组合在一起使用. 常用连续型随机变量的概率密度函数见表 7-1,正态分布对应的相关函数见表 7-2.

表 **7-1**

分布名称	关键字	调用方式
均匀分布	uniform.pdf	uniform.pdf(x,a,b):$[a,b]$ 区间上的均匀分布
指数分布	expon.pdf	expon.pdf(x,scale=theta):期望为 theta 的指数分布

续上表

分布名称	关键字	调用方式
正态分布	norm.pdf	norm.pdf(x,mu,sigma)：均值为 mu,标准差为 sigma 的正态分布
χ^2 分布	chi2.pdf	chi2.pdf(x,n)：自由度为 n 的分布
t 分布	t.pdf	t.pdf(x,n)：自由度为 n 的分布
F 分布	f.pdf	f.pdf(x,m,n)：自由度为 m,n 的分布

表 7-2

函数	调用方式
概率密度	norm.pdf(x,mu,sigma)：均值 mu,标准差 sigma 的正态分布概率密度函数
分布函数	norm.cdf(x,mu,sigma)：均值 mu,标准差 sigma 的正态分布的分布函数
分位数	norm.ppf(alpha,mu,sigma)：均值 mu,标准差 sigam 的正态分布 alpha 分位数
随机数	norm.rvs(mu,sigma,size=N)：产生均值 mu,标准差 sigma 的 N 个正态分布的随机数
最大似然估计	norm.fit(a)：假定数组 a 来自正态分布,返回 mu 和 sigma 的最大似然估计

例1 计算题：(1)设 $X \sim N(3,5^2)$,求 $P\{2<X<6\}$；(2)设 $X \sim N(3,2^2)$,确定 c 使得 $P\{X>c\}=3P\{X \leqslant c\}$.

解 (1) $P\{2<X<6\}=0.305\ 0$.

(2)由 $P\{X>c\}=3P\{X \leqslant c\}$ 和 $P\{X>c\}+P\{X \leqslant c\}=1$,得
$P\{X \leqslant c\}=0.25, c=1.65$.

代码如下：

```
from scipy.stats import norm
p=norm.cdf(6,3,5)-norm.cdf(2,3,5)
c=norm.ppf(0.25,3,2)    #求 0.25 分位数
print('p=',p,'c=',c)
```

例2 计算：(1)参数为 3.2 的指数分布的均值、方差、偏度和峰度. (2)二项分布 $b(20,0.8)$ 的均值和方差.

解 (1)均值为 3.2,方差为 10.24,偏度为 2.0,峰度为 6.0.

(2)二项分布 $b(20,0.8)$ 的均值和方差分别为 16.0 和 3.2.

代码如下：

```
from scipy.stats import expon
print(expon.stats(scale=3.2, moments='mvsk'))
from scipy.stats import binom
n,p=20,0.8
print("期望和方差为:",binom.stats(n,p))
```

输出如下：

```
(array(3.2),array(10.24),array(2.),array(6.))
期望和方差为:16.0   3.2
```

2. 离散型随机变量

离散型分布的方法大多数与连续型分布很相似,但是 pdf 被更换为分布律函数 pmf. 常用离散型随机变量的分布律函数见表 7-3.

表 7-3

分布名称	关键字	调用方式
二项分布	binom.pmf	binom.pmf(x,n,p)计算 x 处的概率
几何分布	geom.pmf	geom.pmf(x,p) 计算第 x 次首次成功的概率
泊松分布	poisson.pmf	poisson.pmf(x,lambda)计算 x 处的概率

例 3 随机变量 X 服从二项分布 $b(20,0.8)$,求 $P\{10 \leqslant X \leqslant 15\}$.

```
from scipy.stats import binom
n,p=20,0.8
binom.pmf([10,11,12,13,14,15],n,p).sum()
```

输出如下:

```
0.36978832239967063
```

即 $P\{10 \leqslant X \leqslant 15\} = 0.37$.

7.2 基本统计量与统计图

利用大量样本数据计算有关的基本统计量,可以反映数据的整体规律,如集中趋势、离散程度以及数据的分布性质等.

7.2.1 基本统计量

设 $(X_1, X_2, \cdots, X_n)$ 是来自总体 X 的一个样本,$g(X_1, X_2, \cdots, X_n)$ 是样本的函数,若 g 中不含任何未知参数,则称 $g(X_1, X_2, \cdots, X_n)$ 是一个统计量.

下面列出几个常用的统计量.

1. 反映数据集中趋势的统计量

(1) 样本均值:$\overline{X} = \dfrac{1}{n} \sum\limits_{i=1}^{n} X_i$.

(2) 中位数:将数据由小到大排列后位于中间位置的数值.

(3) 众数:出现次数最多的数值.

2. 反映数据离散程度的统计量

(1) 样本方差:$S^2 = \dfrac{1}{n-1} \sum\limits_{i=1}^{n} (X_i - \overline{X})^2$,$S$ 为样本标准差.

(2) 分位数:设随机变量 X 的分布函数为 $F(x)$,对于给定的正数 $\alpha(0 < \alpha < 1)$,若有 x_α 满足 $F(x_\alpha) = P\{X \leqslant x_\alpha\} = \alpha$,则称 x_α 为 X 的 α 分位数.

常见的有四分位数:25%、50%、75%分位数.
标准正态分布 $N(0,1)$ 的 α 分位数 μ_α 满足

$$P\{X \leqslant \mu_\alpha\} = \int_{-\infty}^{\mu_\alpha} \frac{1}{\sqrt{2\pi}} e^{-\frac{x^2}{2}} dx = \alpha$$

(3)极差是样本数据 $x_1, x_2, \cdots, x_n$ 的最大值与最小值之差,计算公式为

$$R = \max_{1 \leqslant i \leqslant n} x_i - \min_{1 \leqslant i \leqslant n} x_i$$

它是描述样本数据分散程序的,数据越分散,其极差越大.

(4)变异系数是刻划样本数据相对分散性的一种度量,计算公式为

$$CV = \frac{s}{\bar{x}} \times 100\%$$

这是一个无量纲的量.

3. 利用样本数据计算统计量的观测值

样本 $(X_1, X_2, \cdots, X_n)$ 的观测值记为 $(x_1, x_2, \cdots, x_n)$,则可计算上述统计量的观测值.

(1)样本均值.

$$\bar{x} = \frac{1}{n} \sum_{i=1}^{n} x_i$$

(2)样本方差与标准差.

$$s^2 = \frac{1}{n-1} \sum_{i=1}^{n} (x_i - \bar{x})^2, \quad s = \sqrt{s^2} = \sqrt{\frac{1}{n-1} \sum_{i=1}^{n} (x_i - \bar{x})^2}.$$

(3)样本 k 阶原点矩、样本 k 阶中心矩分别为

$$a_k = \frac{1}{n} \sum_{i=1}^{n} x_i^k, \quad b_k = \frac{1}{n} \sum_{i=1}^{n} (x_i - \bar{x})^k \quad (k = 1, 2, 3, \cdots)$$

(4)相关系数.

随机变量 X 和 Y 的样本观测值为 $x = [x_1, x_2, \cdots, x_n]$ 和 $y = [y_1, y_2, \cdots, y_n]$,$x$ 和 y 的相关系数为

$$\rho_{xy} = \frac{\sum_{i=1}^{n} (x_i - \bar{x})(y_i - \bar{y})}{\sqrt{\sum_{i=1}^{n} (x_i - \bar{x})^2} \sqrt{\sum_{i=1}^{n} (y_i - \bar{y})^2}}$$

统计量是我们对总体的分布函数或数字特征进行统计推断的最重要的基本概念,所以寻求统计量的分布成为数理统计的基本问题之一.在实际问题中,大多数服从正态分布.

7.2.2 几种常用的抽样分布

从总体中得到的随机样本 $X_1, X_2, \cdots, X_n$ 构成的统计量服从一定的分布.

(1) 设 $X_1, X_2, \cdots, X_n$ 相互独立,$X_i \sim N(\mu_i, \sigma_i^2)$,$i = 1, 2, \cdots, n$,$\eta$ 是关于 X_i 的线性函数($\eta = \sum_{i=1}^{n} a_i X_i$),则 η 也服从正态分布,且 $\eta \sim N\left(\sum_{i=1}^{n} a_i \mu_i, \sum_{i=1}^{n} a_i^2 \sigma_i^2\right)$.

(2)若 $(X_1, X_2, \cdots, X_n)$ 是来自总体 $X \sim N(\mu, \sigma^2)$ 的一个样本,$\bar{X}$ 为样本均值,则 $\bar{X} \sim$

$N\left(\mu, \dfrac{\sigma^2}{n}\right)$. 由上述结论可知：$\overline{X}$ 的期望与 X 的期望相同，而 $\overline{X}$ 的方差却比 X 的方差小得多，即 $\overline{X}$ 的取值将更向 μ 集中.

(3) 设 $(X_1, X_2, \cdots, X_n)$ 是来自总体 $X \sim N(0,1)$ 的一个样本，则称统计量 $\chi^2 = \sum\limits_{i=1}^{n} X_i^2$ 所服从的分布是自由度为 n 的 χ^2 分布，记作：$\chi^2 \sim \chi^2(n)$.

(4) 设 $(X_1, X_2, \cdots, X_n)$ 为来自总体 $X \sim N(\mu, \sigma^2)$ 的一个样本，μ, σ^2 为已知常数，则统计量 $\chi^2 = \dfrac{1}{\sigma^2} \sum\limits_{i=1}^{n} (X_i - \mu)^2 \sim \chi^2(n)$.

事实上，令 $Y_i = \dfrac{X_i - \mu}{\sigma}$，则 $Y_i \sim N(0,1)$，所以 $\chi^2 = \sum\limits_{i=1}^{n} Y_i^2 \sim \chi^2(n)$.

(5) 设 $X \sim N(0,1)$，$Y \sim \chi^2(n)$，且 X 与 Y 相互独立，则称统计量 $T = \dfrac{X}{\sqrt{Y/n}}$ 所服从的分布是自由度为 n 的 t 分布，记为 $T \sim t(n)$.

(6) 设 $(X_1, X_2, \cdots, X_n)$ 是来自总体 $X \sim N(\mu, \sigma^2)$ 的一个样本，则统计量

$$T = \dfrac{(\overline{X} - \mu)}{s} \sqrt{n} \sim t(n-1)$$

(7) 设 $X \sim \chi^2(m)$，$Y \sim \chi^2(n)$，且 X 与 Y 相互独立，则称统计量 $F = \dfrac{X/m}{Y/n}$ 服从自由度为 (m, n) 的 F 分布，记作 $F \sim F(m, n)$. 其中 m 为第一自由度，n 为第二自由度.

7.2.3 Python 计算统计量

1. 使用 numpy 计算统计量

通过 numpy 库的 array 函数实现数组的创建，如果向 array 函数中传入了一个列表或元组，将构造简单的一维数组；如果传入多个嵌套的列表或元组，则可以构造一个二维数组. 构成数组的元素都具有相同的数据类型.

使用 numpy 库中的函数可以计算上面介绍的统计量，见表 7-4.

表 7-4

函数	mean	median	ptp	var	std	cov	corrcoef
计算功能	均值	中位数	极差	方差	标准差	协方差	相关系数

例 1 表 7-5 所示为某专业的甲、乙两个班的数学成绩. 试分别求每个班成绩的均值、中位数、极差、方差、标准差；并求两个班成绩的协方差矩阵和相关系数矩阵.

表 7-5

甲班	60, 79, 48, 76, 67, 58, 65, 78, 64, 75, 76, 78, 84, 48, 25, 90, 98, 70, 77, 78, 68, 74, 95, 80, 90, 78, 73, 98, 85, 56
乙班	91, 74, 62, 72, 90, 94, 76, 83, 92, 85, 94, 83, 77, 82, 84, 60, 80, 78, 88, 90, 65, 77, 89, 86, 56, 87, 66, 56, 83, 67

解 求得两个班成绩的统计数据，见表 7-6.

表 7-6

班级	均值	中位数	极差	方差	标准差
甲班	73.033 3	76	73	250.102 3	15.814 6
乙班	78.9	82.5	38	128.506 9	11.336 1

代码如下：

```
import numpy as np
x=[60,79,48,76,67,58,65,78,64,75,76,78,84,48,25,90,98,70,77,78,68,74,95,80,90,78,73,98,85,56]
y=[91,74,62,72,90,94,76,83,92,85,94,83,77,82,84,60,80,78,88,90,65,77,89,86,56,87,66,56,83,67]
a=np.array([x,y])
print('a:',a)
b=a.T
mu=b.mean(axis= 0)
print('每列的均值:',mu)
print('每列的中位数:',np.medinan(b,axis= 0))
jc=b.ptp(axis= 0)
print('每列的极差:',jc)
fc=b.var(axis= 0)
print('每列的方差:',fc)
bz=b.std(axis= 0)
print('每列的标准差:',bz)
xs=np.corrcoef(b[:,0],b[:,1])
print('相关系数矩阵:',xs)
```

输出如下：

```
a:[60 70 48 76 67 58 65 78 64 75 76 78 84 48 25 90 98 70 77 78
   68 74 95 80 90 78 73 98 85 56]
  [91 74 62 72 90 94 76 83 92 85 94 83 77 82 84 60 80 78 88 90 65
   77 89 86 56 87 66 56 83 67]
每列的均值:[73.03333333 78.9]
每列的中位数:[76.  82.5]
每列的极差:[73 38]
每列的方差:[241.76555556 124.22333333]
每列的标准差:[15.54881203 11.14555218]
相关系数矩阵:[[1.  - 0.18213108]
             [- 0.18213108 1.  ]]
```

2. 使用 Pandas 计算统计量

Pandas 是强大的数据分析和处理工具，可以处理两种数据结构：DataFrame 数据和 Series 序列. DataFrame 数据是具有索引的二维数组,类似于表格,它是 pandas 中最常用的数据结构之一. Pandas 读取 txt 文件、csv 文件和 excel 文件中的外部数据,存储为 DataFrame 数据.

利用 pandas 可以导入 csv 文件、xls 文件等数据.语法格式如下:

```
import pandas as pd
df=pd.read_csv('filename.csv',…)
df=pd.read_excel('filename.xlsx',…)
```

将 DataFrame 数据输出为 csv 文件和 excel 文件的函数格式:

```
DataFrame.to_csv('filename.csv',…)
DataFrame.to_excel('filename.xlsx',…)
```

访问 DataFrame 中的数据有 loc,iloc 两种访问方式:

```
DataFrame.loc[行索引名称或条件,列索引名称]
DataFrame.iloc[行索引位置,列索引位置]
```

iloc 和 loc 的区别是 iloc 接收的必须是行索引和列索引的位置,举例如下:

```
df.iloc[0:3,[1,3]]#提取 df 数据中第 0、1、2 行,第 1、3 列数据
df.iloc[:,1]#读取第 1 列数据
df.loc['a','A']# 读取行索引为 a,列索引为 A 的数据
```

Pandas 库提供了 DataFrame 数据的很多统计方法(见表 7-7),其中 describe 方法能够一次性得出 DataFrame 数据所有数值型特征的非空值数目、均值、四分位数、标准差、最值,使用格式:对象名.方法,如"df.describe()".

表 7-7

方法名称	说 明	方法名称	说 明
min	最小值	max	最大值
mean	均值	ptp	极差
median	中位数	std	标准差
var	方差	cov	协方差
sem	标准误差	mode	众数
skew	样本偏度	kurt	样本峰度
quantile	四分位数	count	非空值数目
describe	描述统计	mad	平均绝对离差

上例中两个班级分数的统计可以用 pandas 计算,代码如下:

```
import pandas as pd
df=pd.DataFrame(b,columns=['甲班','乙班'])#创建 DataFrame 数据
df.describe()
```

输出如下:

```
          甲班           乙班
count    30.000000    30.000000
mean     73.033333    78.900000
std      15.814623    11.336088
min      25.000000    56.000000
25%      65.500000    72.500000
50%      76.000000    82.500000
75%      79.750000    87.750000
max      98.000000    94.000000
```

还可以求其他统计量,代码如下:

```
print("偏度为:\n",df.skew())
print("峰度为:\n",df.kurt())
print("分位数为:\n",df.median())
```

7.2.4 统计图

Python 的扩展库 matplotlib 为 Python 编程提供了一个数据绘图包,可以方便地实现数据的可视化. 使用 matplotlib 库前要进行安装,安装语句如下:

```
pip install matplotlib
```

安装 matplotlib 库之后就可以调用其中的各种方法进行绘图,但是在使用前要导入 matplotlib 库. 在绘制图形时使用最多的是 matplotlib.pyplot 模块,常用的导入语句如下所示(为了方便会为其起一个简化的别名):

import matplotlib.pyplot as plt

1. 直方图

在数据分析应用中,直方图是一种直观描述数据集中的每一个区间内数据值出现频数的统计图. 通过直方图可以大致了解数据集的分布情况,并判断数据集中的区间. 语法格式:

```
plt.hist(x, bins= None, density= None,…)
```

下面对 iris 数据集中的 150 朵花的花瓣长度的分布区间绘制直方图,如图 7-1 所示.
代码如下:

```
import matplotlib.pyplot as plt
from sklearn.datasets import load_iris
iris=load_iris()
x=iris.data[:,0]
plt.hist(x,bins=7)
```

2. 散点图

在实际数据分析应用中,散点图是一种常用于观测数据的相关性的数据可视化方式. 数据的相关性通常有正相关、负相关及不相关. 语法格式:

```
plt.scatter(x, y, s, c,marker)# 设置点的大小颜色及形状的参数 s, c ,marker
```

根据 iris 数据集中 150 朵花的花瓣长度、宽度绘制散点图,如图 7-2 所示.

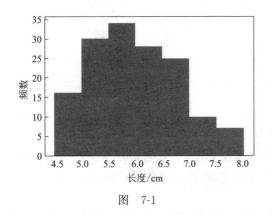

图 7-1

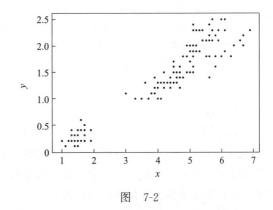

图 7-2

代码如下:

```
import matplotlib.pyplot as plt
from sklearn.datasets import load_iris
iris=load_iris()
x=iris.data[:,2]
y=iris.data[:,3]
plt.scatter(x,y,s=3,c='b',marker='0')
```

3. 箱线图

箱线图是一种用于显示一组数据分散情况资料的统计图. 箱线图一般不受异常值的影响,是一种相对稳定的数据离散分布情况的描述方式.

将整组数据等分成 4 份,就是四分位数,四分位数有 3 个:第 1 个四分位数就是通常所说的四分位数,称为下四分位数,常用 Q_1 表示,等于整组数据中所有数值由小到大排列后第 25% 的数字;第 2 个四分位数是中位数,用 Q_2 表示,等于整组数据中所有数值由小到大排列后第 50% 的数字;第 3 个四分位数是上四分位数,用 Q_3 表示,等于整组数据中所有数值由小到大排列后第 75% 的数字.

箱线图中显示的是一组数据的上界、上四分位数、中位数、下四分位数、下界及异常值. 上界值为 $Q_3+1.5\times IQR$,下界值为 $Q_1-1.5\times IQR$,其中 $IQR=Q_3-Q_1$. 离群值通常被定义为低于下界或高于上界的值.

箱线图的大小是由数据升序排列后,中间的 50% 个数据决定的. 因此,前 25% 数据和后 25% 数据都无法影响箱线图. 若数据集呈标准正态分布,则中位数位于 Q_1 和 Q_3 中间,箱线图的中间线恰好位于上底和下底的正中央.

下面绘制水果销量的箱线图,如图 7-3 所示.
代码如下:

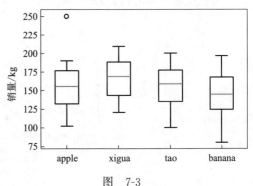

图 7-3

```
import matplotlib.pyplot as plt
a=[102,120,130,140,150,162,170,180,190,250]
x=[120,133,140,150,169,170,183,190,200,210]
t=[100,120,135,140,158,160,170,180,195,200]
b=[80,100,120,137,140,150,160,170,180,197]
plt.boxplot((a,x,t,b),labels=["apple","xigua","tao","banana"])
```

4. Q-Q 图

Q-Q 图(分位数-分位数图)是检验数据概率分布的好方法,简单直观,易于使用,目前被广泛使用. 对于一组观察数据,现在希望知道观测数据与分布模型的拟合效果如何. 如果拟合效果好,观测数据的经验分布就应当非常接近分布模型的理论分布,而经验分布函数的分位数自然也应当与分布模型的理论分位数近似相等.

Q-Q 图的基本思想就是基于这个观点,将经验分布函数的分位数点和分布模型的理论分位数点作为一对数组画在直角坐标图上,就是一个点,n 个观测数据对应 n 个点,如果这 n 个点看起来像一条直线,说明观测数据与分布模型的拟合效果很好,以下给出计算步骤.

判断观测数据 $x_1, x_2, \cdots, x_n$ 是否来自分布 $F(x)$,Q-Q 图的计算步骤如下:

(1)将 $x_1, x_2, \cdots, x_n$ 依大小顺序排列成:$x_{(1)} \leqslant x_{(2)} \leqslant \cdots \leqslant x_{(n)}$;

(2)取 $y_i = F^{-1}((i-1/2)/n), i=1,2,\cdots,n$;

(3)将 $(y_i, x_{(i)}), i=1,2,\cdots,n$,将这 n 个点画在直角坐标图上;

(4)如果这 n 个点看起来呈一条 45°的直线,我们就相信 $x_1, x_2, \cdots, x_n$ 拟合分布 $F(x)$ 的效果很好.

数据概率分布的检验是采用样本分布与理论分布的散点图的贴近程度进行对比,其中,Q-Q 图是基于分位数的,还有基于累积分布的 P-P 图.

假设样本数据为 11、15、18、27、29、35、42、46、55,计算得到平均值为 30.89,标准差为 14.93,验证是否服从正态分布 $N(30.89, 14.93)$. 代码如下:

```
import matplotlib.pyplot as plt
import scipy.stats as stats
data=[11,15,18,27,29,35,42,46,55]
stats.probplot(data,plot=plt,dist='norm')
```

数据概率分布的检验如图 7-4 所示,样本数据服从正态分布.

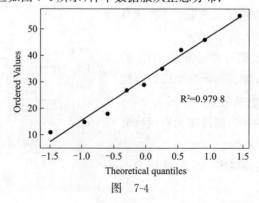

图 7-4

7.3 参数估计与假设检验

所谓统计推断,就是利用样本所提供的信息对总体的某些统计特征进行估计或者判断,进而认识总体.统计推断分为两大类:参数估计和假设检验.

7.3.1 参数估计

参数是指描述某一随机变量理论分布的概率函数中的一个或若干个数值,这些数值决定了该随机变量的分布特征.例如二项分布有两个参数,n 表示在完全相同的条件下,独立地重复试验的次数;p 表示每次试验"成功"的概率.又如正态分布有两个参数,μ 表示正态分布随机变量所有可能值的中心位置;σ 表示该随机变量取值的离散程度.参数也可以指描述总体特征的一个或若干个数值,例如总体的均值、总体的比例和总体的方差等数字特征,两个或两个以上总体间的相关系数、偏相关系数、复相关系数和回归系数等数字特征.

1. 点估计与区间估计

在一般情况下,总体参数是未知的,参数估计的目的就是利用抽样得到的样本信息来估计未知的总体参数.参数估计的方法主要有点估计和区间估计,其中点估计中有矩估计和极大似然估计等方法.

常用的估计量:总体均值和方差的无偏估计为

$$\hat{\mu} = \frac{1}{n}\sum_{i=1}^{n} x_i = \bar{x}, \quad \hat{\sigma}^2 = \frac{1}{n-1}\sum_{i=1}^{n}(x_i - \bar{x})^2$$

点估计是指根据抽取到的具体样本数据,代入估计量得到的一个估计值.由于抽样的随机性,估计值一般不会等于总体参数的真值,这种误差称为抽样误差.如果抽样误差比较小,这个估计值就是一个好的估计值;如果抽样误差比较大,那么这个估计值就没有任何实际意义.因为总体参数是未知的,所以无法得知抽样误差的大小,这就是点估计的不足之处.

区间估计是在点估计的基础上估计出总体参数一个可能的范围,同时还给出总体参数以多大的概率落在这个范围之内.

设总体 X 的分布中含有未知参数 θ,对于给定的 $\alpha(0 < \alpha < 1)$,若由样本 $X_1, \cdots, X_n$ 确定的两个统计量 $\hat{\theta}_1(X_1, X_2, \cdots, X_n)$ 和 $\hat{\theta}_2(X_1, X_2, \cdots, X_n)$ 满足

$$P\{\hat{\theta}_1(X_1, X_2, \cdots, X_n) < \theta < \hat{\theta}_2(X_1, X_2, \cdots, X_n)\} = 1 - \alpha$$

则称区间 $(\hat{\theta}_1, \hat{\theta}_2)$ 为参数 θ 的置信度为 $1-\alpha$ 的置信区间.影响区间宽度的因素:总体数据的离散程度、样本容量、置信水平 $1-\alpha$.

2. 参数估计的 Python 实现

Python 的统计函数库 scipy.stats 提供了各种分布及函数,与参数估计相关的函数如下:

(1) scipy.stats.norm.fit():返回均值和标准差的最大似然估计.

(2) scipy.stats.sem():计算样本的标准误差,即 $\frac{\sigma}{\sqrt{n}}$.

(3) 计算正态分布和 t 分布的置信区间的函数为 scipy.stats.norm.interval(confidence_level, loc, scale),其中输入参数为置信水平、样本均值、标准误差,输出正态分布的置信区间的下限和上限.

(4) 计算 t 分布的置信区间的函数为 scipy.stats.t.interval(confidence_level, df, loc, scale)，其中 df 为自由度.

例1 某车间生产的滚珠的直径 X 服从正态分布 $N(\mu, 0.06)$. 从一批这种滚珠中随机抽取 6 个，测得直径（单位：毫米）为 14.6, 15.1, 14.9, 14.8, 15.2, 15.1, 求这批滚珠的平均直径 μ 的置信区间（取 $\alpha = 0.05$）.

解 正态总体的方差已知的情况下求均值 μ 的置信区间的问题，选取统计量

$$U = \frac{\overline{X} - \mu}{\sigma/\sqrt{n}} \sim N(0,1)$$

μ 的置信水平为 $1-\alpha$ 的置信区间为 $\left(\overline{x} - \frac{\sigma}{\sqrt{n}} z_{\alpha/2}, \overline{x} + \frac{\sigma}{\sqrt{n}} z_{\alpha/2}\right)$.

已知 $\sigma^2 = 0.06, n = 6, \overline{x} = 14.95$，当 $\alpha = 0.05$ 时，查正态分布表，得 $z_{\alpha/2} = 1.96$，因此，μ 的置信度为 $1-\alpha = 0.95$ 的置信区间为 (14.75, 15.15).

代码如下：

```
from scipy.stats import norm
data=[14.6,15.1,14.9,14.8,15.2,15.1]
mean=sum(data)/len(data)
std_dev=0.06**0.5;n=6
alpha=0.95  # 置信水平为95%
ci=norm.interval(alpha,loc=mean,scale=std_dev/n**0.5)   # 计算置信区间
print("置信区间为:",ci)
```

输出结果，置信区间为：(14.754003601545996, 15.145996398454006)

例2 有一大批糖果，现从中随机地取 16 袋，称得重量（以 g 计）如下：506, 508, 499, 503, 504, 510, 497, 512, 514, 505, 493, 496, 506, 502, 509, 496，设袋装糖果的重量近似地服从正态分布. 试求总体均值的估计值和置信水平为 0.95 的置信区间.

解 总体方差 σ^2 未知，选取统计量 $T = \frac{\overline{X} - \mu}{S/\sqrt{n}} \sim t(n-1)$.

μ 的一个置信水平为 $1-\alpha$ 的置信区间为

$$\left(\overline{X} - \frac{S}{\sqrt{n}} t_{\alpha/2}(n-1), \overline{x} + \frac{S}{\sqrt{n}} t_{\alpha/2}(n-1)\right)$$

这里显著性水平 $\alpha = 0.05, n-1 = 15, t_{0.025}(15) = 2.1315$，由给出的数据算得 $\overline{x} = 503.75, s = 6.2022$. 计算得总体均值 μ 的置信水平为 0.95 的置信区间为 (500.4451, 507.0549).

可以直接计算求得结果. 下面调用库函数求置信区间的 Python 程序如下：

```
import numpy as np
from scipy import stats
a=np.array([506,508,499,503,504,510,497,512,514,505,493,496,506,502,509,496])
alpha=0.95;df=len(a)-1
stats.sem(a)# 标准误差
ci= stats.t.interval(alpha,df,loc= a.mean(),scale= stats.sem(a))
print("置信区间为:",ci)
```

置信区间为：(500.445 107 462 439 24，507.054 892 537 560 76)

7.3.2 假设检验

假设检验所依据的基本原理是小概率原理.小概率通常用 α 表示，又称为检验的显著性水平.通常取 $\alpha=0.05$ 或 $\alpha=0.01$，即把概率不超过 0.05 或 0.01 的事件当作小概率事件，小概率的设定必须根据具体问题而定.小概率原理是指发生概率很小的随机事件（小概率事件）在一次实验中几乎是不可能发生的.

根据这一原理，可以先假设总体参数的某项取值为真，也就是假设其发生的可能性很大，然后抽取一个样本进行观察，如果样本信息显示出现了与事先假设相反的结果且与原假设差别很大，则说明原来假定的小概率事件在一次实验中发生了，这是一个违背小概率原理的不合理现象，因此有理由怀疑和拒绝原假设；否则不能拒绝原假设.

假设检验的分类较多，分为单个总体和两个总体、均值和方差、正态总体和其他总体等等的检验，其中又分方差已知和未知的情况.下面仅列举常见的几种情况.

1. 单个正态总体均值的检验

检验问题　$H_0:\mu=\mu_0, H_1:\mu\neq\mu_0$.

当总体方差已知时，利用统计量 $Z=\dfrac{\overline{X}-\mu_0}{\sigma/\sqrt{n}}\sim N(0,1)$ 来确定拒绝域.

当总体方差未知时，利用统计量 $t=\dfrac{\overline{X}-\mu_0}{S/\sqrt{n}}\sim t(n-1)$ 来确定拒绝域：

$$|t|=\left|\dfrac{\overline{X}-\mu_0}{S/\sqrt{n}}\right|\geqslant t_{\alpha/2}(n-1).$$

对于有样本数据的 t 检验，使用 scipy.stats.ttest_1samp() 来进行 t 检验格式如下：

```
ttest_1samp(a, popmean, …)
```

其中，参数 a 为列表、数组、数据框或其他；popmean 为需要对比的值，即 μ_0.

ttest_1samp() 函数输出的结果为：

```
Ttest_1sampResult(statistic= …, pvalue= …)
```

需要注意的是，结果中给出的 pvalue 为两侧临界值所对应的面积，如果是双侧检验，则直接将 pvalue 与 α 进行对比；如果是单侧检验，查看检验结果需将 pvalue/2 与 α 进行对比.

例 3　某面粉厂生产商需要对其仓库中的 100 袋面粉的平均质量进行检验，面粉质量的总体方差未知，随机抽取 50 袋样本称重后结果如下：50,50,56,51,48,49,53,47,52,52,53,53,49,53,50,55,48,50,55,53,50,55,52,48,53,53,53,56,57,50,52,49,53,58,50,47,48,49,50,51,50,49,53,52,51,48,52,49,55,53,试判断在 0.05 的显著水平下该仓库中面粉平均质量是否为 51 kg.

代码如下：

```
import scipy.stats as st
data=[50,50,56,51,48,49,53,47,52,52,53,53,49,53,50,55,48,50,55,53,50,55,52,48,
53,53,53,56,57,50,52,49,53,58,50,47,48,49,50,51,50,49,53,52,51,48,52,49,55,53]
st.ttest_1samp(data,51)
```

输出结果：

```
Ttest_1sampResult(statistic= 1.2198019847188803, pvalue= 0.2283786662821943)
```

可以看到 t 值为 1.2198，双边的概率为 0.2284，由于 p 值大于 0.05，故接受原假设，即可以认为该仓库中面粉平均重量为 51 kg.

2. 两个正态总体的均值的检验

检验问题：$H_0:\mu_1=\mu_2, H_1:\mu_1\neq\mu_2$.

有样本数据时使用 scipy.stats.ttest_ind() 进行检验，格式如下：

```
scipy.stats.ttest_ind(a, b, equal_var= True,……)
```

其中，参数 a、b 为列表、数组、数据框或其他样本数据，equal_var 表示是否来自同一总体，默认为 True.

有均值、标准差、自由度等统计量时使用 ttest_ind_from_stats() 进行检验，格式为

```
ttest_ind_from_stats(mean1, std1, nobs1, mean2, std2, nobs2, equal_var= True)
```

其中，mean、std 和 nobs 分别为两样本的均值、标准差和自由度.

ttest_ind() 或 ttest_ind_from_stats 输出的结果与 ttest_1samp() 输出结果一样. 需要注意的是，结果中给出的 pvalue 为两侧临界值所对应的面积，如果是双侧检验，则直接将 pvalue 与 α 进行对比，如果是单侧检验，查看检验结果需将 pvalue/2 来与 α 进行对比.

例 4 比较甲、乙两种安眠药的疗效. 将 20 名患者分成两组，每组 10 人，其中 10 人服用甲药后延长睡眠的时数分别为 1.9, 0.8, 1.1, 0.1, -0.1, 4.4, 5.5, 1.6, 4.6, 3.4；另 10 人服用乙药后延长睡眠的时数分别为 0.7, -1.6, -0.2, -1.2, -0.1, 3.4, 3.7, 0.8, 0.0, 2.0. 试问两种安眠药的疗效有无显著性差异？($\alpha=0.01$)

首先检验两组方差有无显著性差异，再进行均值检验. 代码如下：

```
x= [1.9,0.8,1.1,0.1,-0.1,4.4,5.5,1.6,4.6,3.4]
y= [0.7,-1.6,-0.2,-1.2,-0.1,3.4,3.7,0.8,0.0,2.0]
st.ttest_ind(x,y)
```

输出结果：

```
Ttest_indResult(statistic=1.8608134674868526, pvalue=0.07918671421593818)
```

由于 p 值大于 0.05，故不能拒绝原假设，即认为两种安眠药的疗效没有显著性差异.

3. 非参数检验

在实际建模中，我们对数据服从什么分布是未知的，需要进行非参数检验. 它不是针对具体的参数，而是根据样本值来判断总体是否服从某种指定的分布. 非参数假设检验方法：分布拟合检验和 Kolmogorov-Smirnov 检验（记为 K-S 检验）.

K-S 检验的想法就是：测量经验分布函数和所拟合的分布函数之间的距离，距离越小，说明拟合效果越好. 这个距离通常由上确界或二次范数来测量，称为经验分布函数和所拟合的分布函数之间的距离.

设总体 X 服从连续分布，$X_1, X_2, \cdots, X_n$ 是来自总体 X 的简单随机样本，F_n 为经验分布函

数,根据大数定律,当 n 趋于无穷大时,经验分布函数 $F_n(x)$ 依概率收敛到总体分布函数 $F(x)$. 定义 $F_n(x)$ 到 $F(x)$ 的距离为

$$D_n = \sup_{-\infty < x < +\infty} |F_n(x) - F(x)|$$

当 n 趋于无穷大时,D_n 依概率收敛到 0。检验统计量建立在 D_n 基础上.

K-S 检验用于检验样本数据的分布函数是否为 $F_0(x)$,原假设与备择假设为

$$H_0: F(x) = F_0(x), \quad H_1: F_n(x) \neq F_0(x)$$

K-S 检验基于经验分布函数(或称样本分布函数)作为检验统计量,检验理论分布函数与样本分布函数的拟合优度. 当 H_0 为真时,D_n 有偏小趋势,则拟合得越好;当 H_0 不真时,D_n 有偏大趋势,则拟合得越差.

K-S 检验可以使用 stats.kstest() 函数完成,默认情况下会验证数据是否符合标准正态分布,同时可以指定 cdf 参数所要验证的分布类型,还可以利用 args 参数指定符合参数的特定分布. 如正态分布 $N(0,5)$ 的检验命令为

```
statval,pval= stats.kstest(X,cdf ="norm",args =(0,5))
```

返回值为统计量和 p 值.

例 5 学校随机抽取 100 名学生,测量他们的身高和体重,所得数据见表 7-8. 试分别求身高和体重的均值、标准差、四分位数与最值,计算身高与体重的相关系数,验证数据是否服从正态分布.

表 7-8

身高/cm	体重/kg	身高/cm	体重/kg	身高/cm	体重/kg	身高/cm	体重/kg	身高/cm	体重/kg
172	75	169	55	169	64	171	65	167	47
171	62	168	67	165	52	169	62	168	65
166	62	168	65	164	59	170	58	165	64
160	55	175	67	173	74	172	64	168	57
155	57	176	64	172	69	169	58	176	57
173	58	168	50	169	52	167	72	170	57
166	55	161	49	173	57	175	76	158	51
170	63	169	63	173	61	164	59	165	62
167	53	171	61	166	70	166	63	172	53
173	60	178	64	163	57	169	54	169	66
178	60	177	66	170	56	167	54	169	58
173	73	170	58	160	65	179	62	172	50
163	47	173	67	165	58	176	63	162	52
165	66	172	59	177	66	182	69	175	75
170	60	170	62	169	63	186	77	174	66
163	50	172	59	176	60	166	76	167	63
172	57	177	58	177	67	169	72	166	50

续上表

身高/cm	体重/kg	身高/cm	体重/kg	身高/cm	体重/kg	身高/cm	体重/kg	身高/cm	体重/kg
182	63	176	68	172	56	173	59	174	64
171	59	175	68	165	56	169	65	168	62
177	64	184	70	166	49	171	71	170	59

代码如下:

```
import pandas as pd
data=pd.read_excel('G:/学生身高体重:xlsx')
print(data.describe())
print(data.corr())
import scipy.stats as ss
statVal, pVal=ss.kstest(data['身高'],'norm',(data[身高].mean(),
    data['身高'].std()))
print("身高的统计量和P值分别为:",[statVal,pVal])
statVal, pVal=ss.kstest(data['体重']),'norm',(data['data 体重'].mean(),data['体重'].std()))
print("体重的统计量和P值分别为:",[statVal,pVal])
```

输出结果:

```
            身高              体重
count   100.000000      100.000000
mean    170.250000      61.270000
std     5.401786        6.892911
min     155.000000      47.000000
25%     167.000000      57.000000
50%     170.000000      62.000000
75%     173.000000      65.250000
max     186.000000      77.000000
            身高              体重
身高      1.000000        0.456097
体重      0.456097        1.000000
身高的统计量和 P 值分别为: [0.07534426415818629, 0.594586546199326]
体重的统计量和 P 值分别为: [0.05904454095634937, 0.8561177331775733]
```

结果显示身高和体重都是服从正态分布的.

扫一扫

空气质量数据的探索分析

7.4 建模案例:空气质量数据的探索分析

案例:(2019 年全国大学生数学建模竞赛 D 题)空气污染对生态环境和人类健康危害巨大,通过对"两尘四气"(PM2.5、PM10、CO、NO_2、SO_2、O_3)浓度的实时监测可以及时掌握空气质量,对污染源采取相应措施.虽然国家监测控制站点(以下简称国控点)对"两尘四气"有监测数据,且较为准确,但因为国控点的布控较少,数据发布时间滞后较长且花费较大,无法给出实时空气质量的监测和预报.某公司自主研发的微型空气质量检测仪花费小,可对某一地区空气质量进行实时网格化监控,并同时监测温度、湿度、风速、气压、降水等气象参数.由于设备和天气因素对传感器的影响,在国控点近邻所布控的自建点上,同一时间微型空气质量检测仪所采集的数据与该国控点的数据值存在一定的差异,因此,需要利用国控点每小时的数据对国控点近邻的自建点数据进行校准.

本章素材文件中附件1.CSV提供了一段时间内某个国控点从2018/11/14/10:00到2019/6/11/15:00每小时的PM2.5、PM10、CO、NO_2、SO_2、O_3(其中,CO浓度单位为mg/m^3,其他各项的浓度单位为$\mu g/m^3$)数据,下面对国控点数据进行探索性数据分析.

1. 数据预处理

数据预处理包括异常值、重复数据、缺失数据等的处理.先绘制箱线图,如图7-5所示,发现PM10存在异常数据,进行处理.

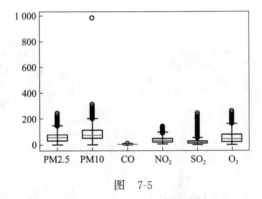

图 7-5

2. 数据的描述性统计

对各指标数据进行基本统计,给出均值、标准差、四分位数、最值等特征(见表7-9).通过数据特征和箱线图,可以发现CO的标准差小,50%的数据集中在[0.78,0.4]内,变化范围很小.PM2.5、PM10、O_3变化范围相对较大.而且PM2.5、PM10、NO_2、SO_2、O_3数据点超出箱线图的上界的较多,说明有时存在重度污染、超标严重的现象.

表 7-9

	PM2.5	PM10	CO	NO_2	SO_2	O_3
count	4 200	4 200	4 200	4 200	4 200	4 200
mean	56.725 48	83.822 38	1.119 185	32.643 1	22.404 76	54.766 19
std	34.568 83	50.865 24	0.492 093	24.303 43	20.025 95	47.989 26
min	1	2	0.05	5	1	1
25%	31	49	0.78	13	10	18
50%	49	76	1.05	26	15	45
75%	76	110	1.4	45.25	26	75
max	246	316	3.895	141	150	259

3. 时间序列分析

国控点提供了从 2018 年 11 月 14 日 11 点开始的 4 200 h 的 PM2.5、PM10、CO、NO_2、SO_2、O_3 浓度数据,是时间序列数据,绘制时间序列如图 7-6 所示,可以观察近 7 个月的污染浓度的变化规律.

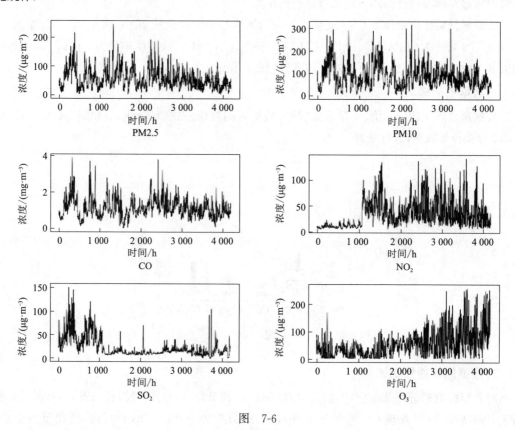

图 7-6

可以看出从 2018 年 11 月到 2019 年 6 月,PM2.5、PM10、SO_2 污染浓度有下降趋势,冬季污染严重,春夏季节减轻,尤其是 SO_2 下降明显. 但是 NO_2、O_3 的污染越来越严重,春夏季比冬季严重得多. 季节气候对污染是有一定影响的.

4. 不同污染物的相关性

可以通过绘制散点图和计算相关系数来了解两个变量之间的相关性. 两个变量 x 和 y 的相关系数为

$$\rho_{xy} = \frac{\sum_{i=1}^{n}(x_i - \overline{x})(y_i - \overline{y})}{\sqrt{\sum_{i=1}^{n}(x_i - \overline{x})^2} \sqrt{\sum_{i=1}^{n}(y_i - \overline{y})^2}}$$

从散点图 7-7 和相关系数表 7-10 可以发现,PM2.5 与 PM10 的相关系数最大为 0.88,其次是 PM2.5、PM10 与 CO 的相关系数为 0.66、0.63,其余的相关性较小. 污染物的相关性大说明存在相同的污染源.

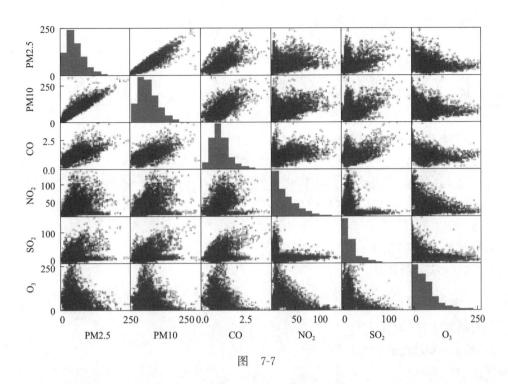

图 7-7

表 7-10

污染物	PM2.5	PM10	CO	NO$_2$	SO$_2$	O$_3$
PM2.5	1	0.884 022	0.662 387	0.258 983	0.271 292	−0.268 98
PM10	0.884 022	1	0.633 81	0.334 985	0.334 366	−0.194 47
CO	0.662 387	0.633 81	1	0.298 329	0.311 902	−0.273 7
NO$_2$	0.258 983	0.334 985	0.298 329	1	−0.343 97	−0.254 39
SO$_2$	0.271 292	0.334 366	0.311 902	−0.343 97	1	−0.283 97
O$_3$	−0.268 98	−0.194 47	−0.273 7	−0.254 39	−0.283 97	1

上述解题过程的程序代码如下：

（1）读取数据：

```
# 读取数据,查看数据
import pandas as pd
data1=pd.read_csv('F:/D- 2019 中文/附件 1.csv',encoding='gbk')
data1.head()
data1.isnull().sum()
data1.drop_dupicates(inplace= True)
data1.head()
```

输出如下：

```
     PM2.5  PM10  CO     NO2  SO2  O3   时间
0    33     71    0.756  9    25   80   2018/11/14 10:00
1    32     69    0.736  9    22   86   2018/11/14 11:00
2    33     64    0.804  9    26   88   2018/11/14 12:00
3    35     63    0.750  8    26   88   2018/11/14 13:00
4    30     69    0.855  8    34   88   2018/11/14 14:00
```

(2) 绘制各污染物浓度的箱线图.

```
import matplotlib.pyplot as plt
plt.boxplot(data1.iloc[:,0:6])
data1['PM10'][data1['PM10']> 800]= 300
plt.boxplot(data1.iloc[:,0:6])
```

运行结果如图 7-5 所示.

(3) 数据的基本统计量.

```
data1.describe()
```

运行结果见表 7-10.

(4) 绘制污染浓度的变化曲线.

```
labels=['PM2.5','PM10','CO','NO2','SO2','O3']
plt.figure(figsize=(8,6))
for i in range(6):
    plt.subplot(3,2,i+1)
    plt.plot(data1.iloc[:,i],c='k',linewidth=0.2)
    plt.xlabel(labels[i])
plt.tight_layout()
plt.show()
```

运行结果如图 7-6 所示.

(5) 污染物的相关性分析.

对于六种污染物, 绘制各污染物浓度的散点图矩阵, 并计算它们的相关系数.

```
pd.plotting.scatter_matrix(data1,s=6,c='b')
data1.corr()
```

运行结果见表 7-11 与图 7-7.

习 题

1. 某校 60 名学生的一次考试成绩如下: 93 75 83 93 91 85 84 82 77 76 77 95 94 89 91 88 86 83 96 81 79 97 78 75 67 69 68 84 83 81 75 66 85 70 94 84 83 82 80 78 74 73 76 70 86 76 90 89 71 66 86 73 80 94 79 78 77 63 53 55.

(1)计算均值、标准差、极差、偏度、峰度,画出直方图;

(2)检验分布的正态性;

(3)若检验符合正态分布,估计正态分布的参数并检验参数.

2.某产品的技术指标服从正态分布,样本数据为 118　119　115　122　118　121　120　122　128　116　120　123　121　119　117　119　128　126　118　125,求该技术指标的置信水平为 95% 的置信区间.

3.在某次数学考试中,考生的成绩 X 服从一个正态分布,即 $X\sim N(90,10^2)$.(1)试求考试成绩位于区间 (80,100) 上的概率是多少?(2)若这次考试共有 3 000 名考生,试估计考试成绩在区间 (70,110) 的考生大约有多少人?

4.下面分别给出了 25 个男子和 25 个女子的肺活量(单位:L).

女子组的肺活量:2.7　2.8　2.9　3.1　3.1　3.1　3.2　3.4　3.4　3.4　3.4　3.4　3.5　3.5　3.5　3.6　3.7　3.7　3.7　3.8　3.8　4.0　4.1　4.2　4.2;

男子组的肺活量:4.1　4.1　4.3　4.3　4.5　4.6　4.7　4.8　4.8　5.1　5.3　5.3　5.4　5.4　5.5　5.6　5.7　5.8　5.8　6.0　6.1　6.3　6.7　6.7.

画出箱线图,分析其数据特征.

5.为提高银行的服务质量,管理部门需要考查在柜台上办理每笔业务所需要的服务时间.假设每笔业务所需时间服从正态分布,现从中抽取 16 笔业务组成一个简单随机样本,其平均服务时间为 13 min,样本标准差为 5.6 min,试建立每笔业务平均服务时间的 95% 的置信区间.

6.正常人的脉搏平均为 72 次/s,某医生测得 10 例慢性中毒患者的脉搏为 54,67,65,68,78,70,66,70,69,67,假设患者的脉搏服从状态分布,问患者和正常人的脉搏有无显著差异($\alpha=0.05$).

7.甲乙两台机床生产同一型号的滚珠,从这两台机床生产的滚珠中分别抽取若干样品,测得直径如下:甲机床的数据为:15.0　14.7　15.2　15.4　14.8　15.1　15.2　15.0;乙机床的数据为 15.2　15.0　14.8　15.2　15.0　15.0　14.8　15.1　14.9.设两台机床生产的滚珠的直径都服从正态分布,检验它们是否服从相同的正态分布.

8.一家食品生产企业以生产袋装食品为主,为对产量质量进行监测,企业质检部门经常要进行抽检,以分析每袋重量是否符合要求.现从某天生产的一批食品中随机抽取 25 袋,测得每袋重量如下:112.5　101.0　103.0　102.0　100.5　102.6　107.5　95.0　108.8　115.6　100.0　123.5　102.0　101.6　102.2　116.6　95.4　97.8　108.6　105.0　136.8　102.8　101.5　98.4　93.3.已知产品重量的分布服从正态分布,且总体标准差为 10 g.试估计该批产品平均重量的置信水平为 95% 的置信区间.

9.已知某乡粮食产地的所有农作物亩产量服从正态分布,现从中抽取 400 亩,求得其平均亩产量为 400 kg,标准差为 50 kg.问从中随机抽取一亩农作物,亩产量落在 [302,498] 的概率是多少?

10.某种元件的寿命 X(以小时计)服从正态分布 $N(\mu,\sigma)$ 其中 μ,σ^2 均未知.现测得 16 只元件的寿命如下:159　280　101　212　224　379　179　264　222　362　168　250　149　260　485　170.问是否有理由认为元件的平均寿命大于 225 h?($\alpha=0.05$)

11. 为了试验某农作物新品种是否能增加产量,分别将原品种和新品种各种在 10 亩地里,最后得两品种的亩产量如下.

原品种:78.1　72.4　76.2　74.3　77.4　78.4　76　75.5　76.7　77.3.

新品种:79.1　81　77.3　79.1　80　79.1　79.1　77.3　80.2　82.1.

请问其他施肥等所有条件一致的情况下,是否可以认为新品种的产量有显著性的增加($\alpha=0.05$)

第 8 章 统计分析

统计学研究的目的,通常是从大量数据中找规律性,找不同因素之间的相关性,以及可能存在的因果关系.当我们找到相应的规律后,就可以利用它来建立数学模型,来进行分析、预测.正确地认识数据,掌握数据带来的核心价值,在数据中发现最有价值的数据是数字化转型时代人人都应具备的能力.数据分析的目标是从大规模数据中挖掘有价值的信息,并帮助企业做出更精准的决策.它可以应用于广告定向、个性化推荐、风险管理等领域,以提高业务效率和竞争力.

统计分析是大数据分析的基础.多元统计分析是多变量的统计分析方法,内容广泛,通常包括回归分析、判别分析、主成分分析、因子分析、聚类分析、分类分析、相关分析等内容.本章介绍数据处理、主成分分析、回归分析、分类分析等内容及其应用.

8.1 数据预处理

现实中的数据一般是不完整的、有噪声的,存在缺失值、重复值或异常值等情况.在实际应用中进行大数据分析和建模的过程中,需要花费相当多的时间在加载数据、清理数据、转换数据以及重塑数据等准备工作上.使用 pandas 可以高效快速地进行数据清洗和准备.不同的特征数据具有不同的量纲和数量级,无法直接放在一起运算,需要进行数据的规范化处理.当数据数量特别多时,需要对数据进行降维,常用的方法是主成分分析法.

8.1.1 数据处理

在 Python 中可以通过 pandas 数据分析包进行数据的导入及分析. pandas 数据分析包中包含了大量的库和标准数据模型,提供了很多函数用于快速地处理数据. pandas 中有两个主要的数据结构,分别是 Series 和 DataFrame. DataFrame 类型是一种表格型的数据结构,内容为一组有序的列,每列可以是不同类型的数据,可以利用行索引和列索引查询数据.

在 Python 中使用 pandas 包前需要先进行导入才能使用.通常在导入时会指定 pandas 的别名,命令如下:

```
import pandas as pd
```

在 pandas 中通常使用 NaN(np.nan)表示缺失的数值数据.可以使用"变量名.isnull()"查看

哪些值是缺失的.

可以使用 dropna() 函数删除缺失数据. 对于 DataFrame 对象, dropna() 函数默认删除含有缺失值的行. 如果想删除含有缺失值的列, 需传入 axis=1 作为参数; 如果想删除全部为缺失值的行或者列, 需传入 how='all' 作为参数.

可以使用"对象名.fillna()"填充缺失值. 在实际处理数据时通常会用数字 0 填充缺失值或者使用数据均值填充缺失值. 如: a.fillna(value=0), a.fillna(a.mean()).

可以使用"对象名.drop_duplicates()"删除重复行, 默认只保留重复内容的第一行, 其他行将被删除.

下面的 Python 程序是在 Jupyter Notebook 环境下运行的.

例 1 对缺失数据和重复数据的处理.

In [1]:
```
import pandas as pd
import numpy as np
a = pd. DataFrame ({ " xh": [ 2018416127, 2018416129, 2018416130, 2018416131,
2018416127,2018416127], "xm":['赵临千','呼俞真','侯亚超','翟蓉青','张婷婷','赵临千'], "cj":[90,89,78,88,np.nan,90]})
print(a)
```

Out[1]:
```
      xh         xm     cj
0  2018416127  赵临千   90.0
1  2018416129  呼俞真   89.0
2  2018416130  侯亚超   78.0
3  2018416131  翟蓉青   88.0
4  2018416127  张婷婷   NaN
5  2018416127  赵临千   90.0
```

In[2]:
```
a1=a.drop_duplicates()
a1
```

Out[2]:
```
      xh         xm     cj
0  2018416127  赵临千   90.0
1  2018416129  呼俞真   89.0
2  2018416130  侯亚超   78.0
3  2018416131  翟蓉青   88.0
4  2018416127  张婷婷   NaN
```

In[3]:
```
a2=a1.dropna()
a2
```

Out[3]:
```
      xh         xm     cj
0  2018416127  赵临千   90.0
1  2018416129  呼俞真   89.0
2  2018416130  侯亚超   78.0
3  2018416131  翟蓉青   88.0
```

In[4]:
```
a3=a1.fillna(a1.mean())
a3
```

Out[4]:   xh   xm   cj
       0 2018416127   赵临千   90.00
       1 2018416129   呼俞真   89.00
       2 2018416130   侯亚超   78.00
       3 2018416131   翟蓉青   88.00
       4 2018416127   张婷婷   86.25

可以通过求最大值、最小值或绘制散点图、箱线图等方法,发现异常值并进行修正.

8.1.2 数据规范化

数据的度量单位可能影响数据分析,例如将"身高"的度量单位从 cm 变为 m,可能导致完全不同的分析结果.一般而言,用较小的度量单位表示属性将导致该属性具有较大的值域,这样的属性具有较大的影响和权重.所谓无量纲化,也称为对数据的规范化或标准化,是通过数学变换来消除原始属性的单位及其数值数量级影响的过程.

数据规范化方法有多种,主要有零均值规范化、最小-最大规范化.

(1)零均值规范化.

零均值规范化指给定一个属性,其均值为 μ,标准差为 σ,那么对某个值 x 进行 Z-score 规范化后的值 x' 的计算公式为

$$x' = \frac{x - \mu}{\sigma}$$

(2)最小-最大规范化.

最小-最大规范化,又称 Min-Max 规范化.使用该方法将属性值映射到某个区间上,常变换到区间[0,1]上.

$$x' = \frac{x - x_{\min}}{x_{\max} - x_{\min}} \quad \text{或} \quad x' = \frac{x_{\max} - x}{x_{\max} - x_{\min}}$$

Python 的 sklearn 库中的 sklearn.preprocessing 模块提供了数据规范化的函数,其中用 MinMaxScaler 函数进行最小-最大规范化,该函数默认的规范化范围是[0,1].用 StandardScaler 函数进行 Z-score 规范化.

例 2 对 sklearn 库自带的数据集鸢尾花数据的四个属性数据进行规范化处理.

```
In[1]:import pandas as pd
      from sklearn.datasets import load_iris
      from sklearn.preprocessing import MinMaxScaler   StandardScaler
      iris=load_iris()
      print(iris.data)
Out[1]:array([[5.1, 3.5, 1.4, 0.2],
              [4.9, 3.0, 1.4, 0.2],
              [4.7, 3.2, 1.3, 0.2],
              [4.6, 3.1, 1.5, 0.2],
              [5., 3.6, 1.4, 0.2],
              ……
```

```
In[2]:#Min-Max 规范化
      iris_minmax=MinMaxScaler().fit_transform(iris.data)
      iris_minmax
Out[2]:array([[0.22222222,0.625,0.06779661,0.04166667],
             [0.16666667,0.41666667,0.06779661,0.04166667],
             [0.11111111,0.5,0.05084746,0.04166667],
             [0.08333333,0.45833333,0.08474576,0.04166667],
             [0.19444444,0.66666667,0.06779661,0.04166667],
      ……
In[3]:#Z-score 规范化
      z_scaler=StandardScaler()
      iris_standard=z_scaler.fit_transform(iris.data)
      iris_standard
Out[3]:array([[-9.00681170e-01, 1.01900435e+00,-1.34022653e+00,-1.31544430e+
             00],
             [-1.14301691e+00,-1.31979479e-01,-1.34022653e+00,-1.31544430e+00],
             [-1.38535265e+00, 3.28414053e-01,-1.39706395e+00,-1.31544430e+00],
             [-1.50652052e+00, 9.82172869e-02,-1.28338910e+00,-1.31544430e+00],
      ……
In[4]:iris_standard[:,0].mean()
Out[4]:-1.4684549872375404e-15
In[5]:iris_standard[:,0].std()
Out[5]:1.0
```

8.1.3 主成分分析

主成分分析(principal components analysis, PCA)是一种分析、简化数据集的常用数据分析技术,是在大数据分析中最常用的一种数据分析手段. 主成分分析(PCA)的主要目的是希望用较少的变量去解释原来数据资料中的大部分变异,将许多相关性很高的变量转化成彼此相互独立或不相关的变量. 对于一组不同维度间存在线性相关关系的高维数据,PCA 降维算法可以通过线性变换将原始数据变换为一组各维度线性无关的数据.

PCA 降维算法通过将数据各维度之间变为线性无关后,剔除方差较小的维度上的数据,保留大方差的特征,提取出数据中的主要特征分量. 选出比原始变量个数少,能解释大部分资料中的变异的几个新变量,即所谓主成分,并用以解释资料的综合性指标. 从而有效地降低高维数据的维度. 通过 PCA 降维处理后的数据中各个样本之间的关系会更直观,更利于进行分析.

主成分分析是一种数据降维方法,其主要步骤如下:

假设有 n 个研究对象,有 m 个指标变量,分别为 $x_1, x_2, \cdots, x_m$,第 i 个对象的第 j 个指标的取值为 a_{ij}.

(1)对原始数据进行标准化处理. 将各指标值 a_{ij} 转化成标准化指标值

$$b_{ij} = \frac{a_{ij} - u_j}{s_j}, \quad j = 1, 2, \cdots, m$$

其中 u_j, s_j 为第 j 个指标的样本均值和样本标准差. 得到标准化的数据矩阵 **B**. 原来的指标变量 x_i 转化为标准化的指标变量 $\tilde{x}_j$.

(2) 计算标准化的数据矩阵 **B** 的相关系数矩阵 **R**.

(3) 计算相关系数矩阵 **R** 的特征值和特征向量. 特征值 $\lambda_1 \geqslant \lambda_2 \geqslant \cdots \geqslant \lambda_m \geqslant 0$ 及对应的标准正交化特征向量 $u_1, u_2, \cdots, u_m$, 其中 $u_j = [u_{1j}, u_{2j}, \cdots, u_{mj}]^T$, 由特征向量组成 m 个新的指标变量:

$$y_i = u_{1i}\tilde{x}_1 + u_{2i}\tilde{x}_2 + \cdots + u_{mi}\tilde{x}_m$$

式中, y_i 为第 i 个主成分.

(4) 计算特征值 λ_i 的信息贡献率和累积贡献率.

主成分 y_j 的信息贡献率为 w_j, 根据累计贡献率达到 95% 的原则选取 p 个主成分.

$$w_j = \frac{\lambda_j}{\sum_{k=1}^{m} \lambda_k}, \quad j = 1, 2, \cdots, m$$

sklearn 库中提供的数据降维函数有 PCA 和 IPCA 降维函数. 在实际应用中, 很多大数据都有成千上万个样本, 使用 PCA 降维算法进行操作时会受到一些限制. 因为 PCA 降维仅支持批处理操作, 所有数据全部调入内存才可进行运算; 而 IPCA 降维算法可以使用不同的处理形式, 可以用小批量方式处理数据. sklearn 中的 IPCA 就是为了解决单机内存限制而提出的一种改进算法. 当数据集样本数量过大时, 直接去拟合数据会让内存"爆炸", 这时可以通过使用 IPCA 来分批次地降维.

使用这两个函数之前先从 sklearn.decomposition 模块导入:

```
from sklearn.decomposition import PCA, IncrementalPCA
```

PCA 函数的调用格式为

```
PCA(n_components= None,copy= True)
```

其中 n_components 为提取主成分的个数, 类型为 int 或字符串, 默认为 None, 所有成分被保留. copy: 类型为 bool, True 或 False, 默认为 True, 表示运行算法时原始数据复制一份, 原始数据的值不变, 在原始数据的副本上运行运算.

例 3 Iris 也称鸢尾花卉数据集, 数据集包含 150 个数据样本, 分为 3 类, 每类 50 个数据. 该数据集包含了 4 个属性: Sepal.Length(花萼长度), Sepal.Width(花萼宽度), Petal.Length(花瓣长度), Petal.Width(花瓣宽度), 单位是 cm. 种类: Iris Setosa(山鸢尾)、Iris Versicolour(杂色鸢尾), 以及 Iris Virginica(维吉尼亚鸢尾). 读入 sklearn 库自带的鸢尾花数据集并进行降维.

```
from sklearn.decomposition import PCA
from sklearn.preprocessing import StandardScaler
from sklearn.datasets import load_iris
import pandas as pd
iris_data= pd.DataFrame(load_iris().data,columns=load_iris().feature_names)
iris_data
```

```
z_scaler= StandardScaler()
iris_standard= z_scaler.fit_transform(iris_data)
iris_data
```

	sepal length（cm）	sepal width（cm）	petal length（cm）	petal width（cm）
0	5.1	3.5	1.4	0.2
1	4.9	3.0	1.4	0.2
2	4.7	3.2	1.3	0.2
3	4.6	3.1	1.5	0.2
4	5.0	3.6	1.4	0.2
...	...	...	...	...
149	5.9	3.0	5.1	1.8

150 rows × 4 columns

```
pca=PCA(n_components=4)
pca.fit(iris_standard)
pca.explained_variance_
#用表格来表示主成分的贡献率
pd.DataFrame({'方差':pca.explained_variance_,
'贡献率':pca.explained_variance_ratio_,
'累积贡献率':pca.explained_variance_ratio_.cumsum()})
```

	方差	贡献率	累积贡献率
0	2.938 085	0.729 624	0.729 624
1	0.920 165	0.228 508	0.958 132
2	0.147 742	0.036 689	0.994 821
3	0.020 854	0.005 179	1.000 000

```
#主成分分析模型,设置主成分个数
pca.n_components=2
pca.fit(iris_standard)
#主成分系数矩阵
pca.components_
#主成分系数矩阵转化为数据表
pd.DataFrame(pca.components_,columns= load_iris().feature_names)
```

	sepal length（cm）	sepal width（cm）	petal length（cm）	petal width（cm）
0	0.521 066	−0.269 347	0.580 413	0.564 857
1	0.377 418	0.923 296	0.024 492	0.066 942

```
#两个主成分数据
pca.transform(iris_standard)
#计算主成分并以数据表示
```

```
y=pd.DataFrame(pca.transform(iris_standard),columns=['第一主成分','第二主成分'],in-
dex=iris_data.index)
y
```

	第一主成分	第二主成分
0	−2.264 703	0.480 027
1	−2.080 961	−0.674 134
2	−2.364 229	−0.341 908
3	−2.299 384	−0.597 395
4	−2.389 842	0.646 835
...	...	...
148	1.372 788	1.011 254
149	0.960 656	−0.02 433 2

150 rows × 2 columns

```
# 利用两个主成分绘制三类莺尾花散点图(区分较好),原来的四列数据无法画图
import matplotlib.pyplot as plt
plt.scatter(y.iloc[range(50),0],y.iloc[range(50),1],s=2,c='r')
plt.scatter(y.iloc[range(50,100),0],y.iloc[range(50,100),1],s=2,c='y')
plt.scatter(y.iloc[range(100,150),0],y.iloc[range(100,150),1],s=2,c='b')
plt.show()
```

本例运行结果如图 8-1 所示,三类鸢尾花的区分较好,原始数据有四列无法画出平面散点图.

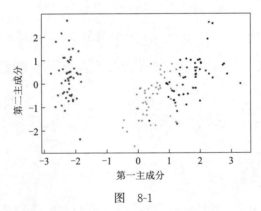

图 8-1

主成分分析的应用范围非常广泛,将主成分分析与聚类分析、分类分析、回归分析以及评价等方法相结合,还可以解决更多实际问题.

8.2 线性回归分析

在统计学中,线性回归是对一个或多个自变量和因变量之间关系进行建模的一种回归分析.在回归分析中自变量是影响因变量的主要因素,是人们能控制或能观察的,称为可控变量,而因变量还受到各种随机因素的干扰,通常可以合理地假设这种干扰服从均值为零的正态分布.若自

变量的个数为一个,相应的回归模型称为一元回归模型;若自变量的个数多于一个,相应的回归模型称为多元回归模型.

在线性回归中,数据使用线性预测函数来建模,并且未知的模型参数也是通过数据来估计,通常称这些模型为线性模型.回归算法中最常见的用于获取回归系数的准则是最小二乘法,即回归系数要使得预测值与真实值的误差平方和最小.

具体地说,回归分析是在一组数据的基础上研究这样几个问题:

(1)建立因变量 y 与自变量 $x_1, x_2, \cdots, x_m$ 之间的回归模型(经验公式);

(2)对回归模型的可信度进行检验;

(3)判断每个自变量 $x_1, x_2, \cdots, x_m$ 对 y 的影响是否显著;

(4)诊断回归模型是否适合这组数据;

(5)利用回归模型对 y 进行预报或控制.

8.2.1 一元线性回归模型

设随机变量 y 与普通变量 x 之间存在相关关系,假设

$$y = \beta_0 + \beta_1 x + \varepsilon, \quad \varepsilon \sim N(0, \sigma^2)$$

其中 β_0, β_1 及 σ^2 都是不依赖于 x 的未知参数.上式称为一元线性回归模型,其中 β_0, β_1 称为回归系数.上式表明,因变量 y 由两部分组成,一部分是 x 的线性函数 $\beta_0 + \beta_1 x$,另一部分是随机误差 ε,是不可人为控制的.

1. 参数 β_0, β_1 的最小二乘估计

有 n 个样本观测值 $(x_1, y_1), (x_2, y_2), \cdots, (x_n, y_n)$,把样本观测值代入上式得

$$y_i = \beta_0 + \beta_1 x_i + \varepsilon_i, \quad i = 1, 2, \cdots, n$$

以 $Q(\beta_0, \beta_1) = \sum_{i=1}^{n} \varepsilon_i^2 = \sum_{i=1}^{n} (y_i - \beta_0 - \beta_1 x_i)^2$ 达到最小为原则对未知参数 β_0 和 β_1 的估计称为未知参数 β_0 和 β_1 的最小二乘估计,估计值记为 $\hat{\beta}_0$ 和 $\hat{\beta}_1$.利用求极值方法可得

$$\begin{cases} \hat{\beta}_1 = \dfrac{n \sum_{i=1}^{n} x_i y_i - \left(\sum_{i=1}^{n} x_i\right)\left(\sum_{i=1}^{n} y_i\right)}{n \sum_{i=1}^{n} x_i^2 - \left(\sum_{i=1}^{n} x_i\right)^2} = \dfrac{\sum_{i=1}^{n} (x_i - \overline{x})(y_i - \overline{y})}{\sum_{i=1}^{n} (x_i - \overline{x})^2} \\ \hat{\beta}_0 = \dfrac{1}{n} \sum_{i=1}^{n} y_i - \dfrac{\hat{\beta}_1}{n} \sum_{i=1}^{n} x_i = \overline{y} - \hat{\beta}_1 \overline{x} \end{cases}$$

此时称 $\hat{y} = \hat{\beta}_0 + \hat{\beta}_1 x$ 为 y 关于 x 的经验回归方程,简称回归方程.其图像称为回归直线.

2. 线性回归的显著性检验

在以上讨论中,我们假定 y 关于 x 的回归函数 $\mu(x)$ 具有形式 $\beta_0 + \beta_1 x$,在处理实际问题时,$\mu(x)$ 是否为 x 的线性函数,首先要根据有关专业知识和实践来判断,其次要根据实际观察得到的数据运用假设检验的方法来判断.这就是说,求得的线性回归方程是否具有实用价值,一般来说需要经过假设检验才能确定.若线性假设符合实际,则 β_1 不应为零.因此,需要检验假设

$$H_0: \beta_1 = 0, \quad H_1: \beta_1 \neq 0$$

构造检验统计量:

$$t=\frac{\hat{\beta}_1-\beta_1}{\hat{\sigma}}\sqrt{S_{xx}}$$

其中
$$S_{xx}=\sum_{i=1}^{n}(x_i-\overline{x})$$

当 H_0 为真时 $\beta_1=0$,此时,$t=\frac{\hat{\beta}_1}{\hat{\sigma}}\sqrt{S_{xx}}\sim t(n-2)$,即得 H_0 的拒绝域为

$$|t|=\frac{|\hat{\beta}_1|}{\hat{\sigma}}\sqrt{S_{xx}}\geqslant t_{a/2}(n-2)$$

当假设 H_0 被拒绝时,认为回归效果是显著的,反之,就认为回归效果不显著.

8.2.2 多元线性回归分析

一元线性回归分析可以推广到多元变量的情形,形如 $y=\beta_0+\beta_1x_1+\cdots+\beta_mx_m,m\geqslant 2$,称为多元线性回归分析.

1. 多元线性回归模型

在回归分析中自变量是影响因变量的主要因素,是人们能控制或能观察的,而且还受到随机因素的干扰,可以合理地假设这种干扰服从零均值的正态分布,于是模型记作

$$\begin{cases}y=\beta_0+\beta_1x_1+\cdots+\beta_mx_m+\varepsilon\\ \varepsilon\sim N(0,\sigma^2)\end{cases}$$

其中 σ 未知.现得到 n 个独立观测数据,由上式得到

$$\begin{cases}y_i=\beta_0+\beta_1x_{1i}+\cdots+\beta_mx_{mi}+\varepsilon_i\\ \varepsilon_i\sim N(0,\sigma^2),\quad i=1,2,\cdots,n\end{cases}$$

记

$$X=\begin{bmatrix}1 & x_{11} & \cdots & x_{1m}\\ \vdots & \vdots & & \vdots\\ 1 & x_{n1} & \cdots & x_{nm}\end{bmatrix},\quad Y=\begin{bmatrix}y_1\\ y_2\\ \vdots\\ y_n\end{bmatrix},\varepsilon=\begin{bmatrix}\varepsilon_1\\ \varepsilon_2\\ \vdots\\ \varepsilon_n\end{bmatrix},\quad \beta=[\beta_0\ \ \beta_1\ \ \beta_2\ \ \cdots\ \ \beta_m]$$

上述模型可以简记为

$$\begin{cases}Y=X\beta+\varepsilon\\ \varepsilon\sim N(0,\sigma^2)\end{cases}$$

2. 参数估计

用最小二乘法估计模型中的参数 β.这组数据的误差平方和为

$$Q(\beta)=\sum_{i=1}^{n}\varepsilon_i^2=(Y-X\beta)^{\mathrm{T}}(Y-X\beta)$$

利用最小二乘法求得使 $Q(\beta)$ 最小的 β,记作 $\hat{\beta}$,可以推出 $\hat{\beta}=(X^{\mathrm{T}}X)^{-1}X^{\mathrm{T}}Y$.

将 $\hat{\beta}$ 代回原模型得到 y 的估计值 $\hat{y}=\hat{\beta}_0+\hat{\beta}_1x_1+\cdots+\hat{\beta}_mx_m$.

残差平方和记为 $\mathrm{SSE}=\sum_{i=1}^{n}(y_i-\hat{y}_i)^2$.

对总偏差平方和进行分解:

$$\mathrm{SST} = \sum_{i=1}^{n}(y_i - \overline{y})^2 = \sum_{i=1}^{n}(y_i - \hat{y}_i)^2 + \sum_{i=1}^{n}(\hat{y}_i - \overline{y}_i)^2 = \mathrm{SSE} + \mathrm{SSR},$$

其中残差平方和 SSE 反映随机误差对 y 的影响,回归平方和 SSR 反映自变量对 y 的影响.

3. 模型的显著性检验

因变量 y 与自变量 $x_1, x_2, \cdots, x_m$ 之间是否存在如模型所示的线性关系是需要检验的,显然,如果所有的 $|\hat{\beta}_j|, j=1,2,\cdots,m$ 都很小,则 y 与 $x_1,x_2,\cdots,x_m$ 的线性关系就不明显,令

$$H_0: \beta_j = 0, \quad (j=1,2,\cdots,m)$$

在 H_0 成立时,SSE 和 SSR 满足:

$$F = \frac{\mathrm{SSR}/m}{\mathrm{SSE}/(n-m-1)} \sim F(m, n-m-1)$$

在显著性水平 α 下有 $1-\alpha$ 分位数 $F_{1-\alpha}(m,n-m-1)$,若 $F < F_{1-\alpha}(m,n-m-1)$,接受 H_0;否则,拒绝.

用回归平方和在总偏差平方和中的比值来说明自变量解释因变量变化的百分比,称为决定系数,记为

$$\mathbf{R}^2 = \frac{\mathrm{SSR}}{\mathrm{SST}}, \quad \mathbf{R}^2 \in [0,1].$$

例如 $R^2 = 0.85$,说明自变量可以大约解释 85% 的因变量的变化. 对于同一数据集,$\mathbf{R}^2$ 值越接近 1,回归效果越好. 对于只有一个自变量的情况,决定系数 $\mathbf{R}^2$ 等于这两个变量的 pearson 相关系数 r 的平方. 但是多于一个自变量的情况,二者的含义就不同了.

4. 参数的显著性检验

当上面的 $H_0: \beta_j = 0, (j=1,2,\cdots,m)$ 被拒绝时,β_j 不全为 0,但是不排除其中若干个等于零. 所以应进一步检验参数的显著性:$H_0^{(j)}: \beta_j = 0$,构造检验统计量,当 $H_0^{(j)}: \beta_j = 0$ 成立时,有

$$t_j = \frac{\hat{\beta}_j / \sqrt{c_{jj}}}{\mathrm{SSE}/\sqrt{n-m-1}} \sim t(n-m-1)$$

其中,c_{ij} 是 $(X^T X)^{-1}$ 中的第 (j,j) 元素.

如果检验统计量的概率 P 值小于给定的显著性水平 α,应拒绝原假设;反之,如果检验统计量的概率 P 值大于给定的显著性水平 α,则不能拒绝原假设.

当回归模型和系数通过检验后,可由给定的 $x = (x_1, x_2, \cdots, x_m)$ 值预测 y 的估计值,

$$\hat{y} = \hat{\beta}_0 + \hat{\beta}_1 x_1 + \cdots + \hat{\beta}_m x_m$$

5. 利用 Python 求解线性回归分析

利用模块 sklearn.linear_model 中的函数 LinearRegression 可以求解多元线性回归问题,但模型检验只有一个指标 $\mathbf{R}^2$,需要用户编程实现模型的其他统计检验.

使用 LinearRegression 前先从 sklearn 库中导入 LinearRegression 模块.

```
from sklearn.linear_model import LinearRegression
```

LinearRegression 函数的语法格式为

```
LinearRegression(fit_intercept=True,normalize=False,copy_X=True)
```

LinearRegression 类中的主要参数及其含义:fit_intercept 指定是否计算模型的截距,默认值为 True;normalize 指定是否标准化,默认值为 False;copy_X 指定是否复制 x,默认值为 True.

LinearRegression 类中的属性包括:coef_(回归系数),rank_(矩阵的秩),singular_(奇异值),intercept_(截距).

LinearRegression 类中的方法如下:

fit(X,y):训练模型

predict(X):使用线性模型进行预测

score(X,y):计算预测的决定系数值,越接近 1 说明线性回归效果越好.

其中 X 为自变量观测值矩阵,y 为因变量的观察值向量.

例 1 水泥凝固时放出的热量 y 与水泥中两种主要化学成分 x_1,x_2 有关,今测得一组数据见表 8-1,试确定一个线性回归模型 $y = a_0 + a_1 x_1 + a_2 x_2$.

表 8-1

序号	x_1	x_2	y	序号	x_1	x_2	y
1	7	26	78.5	8	1	31	72.5
2	1	29	74.3	9	2	54	93.1
3	11	56	104.3	10	21	47	115.9
4	11	31	87.6	11	1	40	83.8
5	7	52	95.9	12	11	66	113.3
6	11	55	109.2	13	10	68	109.4
7	3	71	102.7				

解 编写程序代码如下:

```
import numpy as up
from sklearn.linear_model import LinearRegression
a=np.loadtxt("data8_2_1.txt")        # 加载表中 x1,x2,y 的 13 行 3 列数据
md=LinearRegression().fit(a[:,:2],a[:,2])   # 构建并拟合模型
y=md.predict(a[:,:2])                  # 求预测值
b0=md.intercept_;b= md.coef_           # 输出回归系数
R2=md.score(a[:,:2],a[:,2])            # 计算 R^2
print('b0=',b0,'b=',b)
print('R^2=',R2)
```

求得回归模型为

$$y = 52.5773 + 1.4683 x_1 + 0.6623 x_2$$

模型的决定系数为 $R^2 = 0.9787$,回归效果好.

例 2 下面是一个利用线性回归对医疗费用的预测的应用案例. 数据集 insurance.csv 包含 1 338 个样本数据(行)和 7 个字段(列),7 列数据分别是年龄、性别、身体 bmi 指数、孩子数量、是

否抽烟、所在区域、过去医疗费用支出.构建线性回归模型对未来的医疗费用支出做出预测,并通过回归指标评估模型性能.

解 (1)导入包及函数、导入数据;

```
import numpy as up
import pandas as pd
import matplotlib.pyplot as plt
data=pd.read_csv('insurance.csv')
data.head()
```

	age	sex	bmi	children	smoker	region	charges
0	19	female	27.900	0	yes	southwest	16884.92400
1	18	male	33.770	1	no	southeast	1725.55230
2	28	male	33.000	3	no	southeast	4449.46200
3	33	male	22.705	0	no	northwest	21984.47061
4	32	male	28.880	0	no	northwest	3866.85520

(2)做数据预处理,划分训练集和测试集;

```
# 检测缺失值
null_df=data.isnull().sum()
# 标签编码 & 独热编码
data=pd.get_dummies(data,drop_first=Ture)
data.head()
```

	age	bmi	children	charges	Sex_male	Smoker_yes	Region_northwest	Region_southeast	Region_southwest
0	19	27.900	0	16884.92400	0	1	0	0	1
1	18	33.770	1	1725.55230	1	0	0	1	0
2	28	33.000	3	4449.46200	1	0	0	1	0
3	33	22.705	0	21984.47061	1	0	1	0	0
4	32	28.880	0	3866.85520	1	0	1	0	0

```
# 提取自变量和因变量
y=data['charges'].values
data=data.drop(['charges'],axis=1)
x=data.values
# 特征数据标准化
from sklearn.preprocessing import StandardScaler
x=StandardScaler().fit_transform(x)
# 拆分训练集和测试集
from sklearn.model_selection import train_test_split
```

```
    x_train,x_test,y_train,y_test= train_test_split(x,y,test_size= 0.2,random_state
= 1)
    print(x_train.shape)
    print(x_test.shape)
```

输出结果为:

```
(1070,8)
(268,8)
```

(3)构建回归模型,训练模型及预测.

```
# 构建多元线性回归模型
from sklearn.linear_model import LinearRegression
lr=LinearRegression(normalize= False,fit_intercept= True)
lr.fit(x_train,y_train)
# 使用多元线性回归模型预测
y_pred= lr.predict(x_test)
```

(4)通过 R^2 指标评估模型性能.

```
from sklearn.metrics import r2_score
r2_score=r2_score(y_test,y_pred)
print('多元线性回归模型的 R^2 是:',r2_score)
```

多元线性回归模型的 R^2 是:0.762 331.说明性能较好,还有待提升.

8.3 分 类 分 析

分类问题是一个常见问题,比如判断花的种类、鉴别中药材的产地、诊断病人所患的疾病,等等.分类是通过大量的样本数据总结已有类别的对象的特点,并根据这些特点判别未知类别对象的类别的过程.分类问题分为二分类问题和多分类问题.常见的分类算法有判别分析、K 近邻分类、支持向量机及朴素贝叶斯分类算法等.

8.3.1 判别分析法

判别分析的数学定义,关键是寻找适当的判别函数,以及确定问题的自变量与因变量,即

$$f(t_i)=C_j$$

式中,t_i 为样本;C_j 为类别.

在判别分析中,分类变量为因变量,用于分类的特征变量为自变量.判别分析就是建立判别函数,即分类变量与特征变量的函数关系.

对于自变量都是定量变量的情况,有几个自变量,每个观测值就是几维空间的一个点,这样就把判别分析的问题化为高维空间中点的分类问题.判别分析的基本思想是把训练样本各个类的自变量的中心找到,然后根据待判别的点到各个中心的距离来确定分配它到哪一类.判别分析法中常用的有距离判别法和线性判别分析等.

距离判别法:首先根据已知分类的数据,分别计算各类的重心,计算新个体到每类的距离,然

后根据距离最近的原则进行判别,判别函数 $W(x,A_i)=d(x,A_i)$. 若
$$W(x,A_k)=\min\{W(x,A_i)|i=1,2,\cdots,r\},$$
则 $x \in A_k$.

由于样本数据是 n 维数组,每个数据的单位和量级不同,直接运用欧氏距离计算样本点的距离不合适,所以一般采用马氏距离.两个样本 x 和 y 之间的马氏距离、样本 x 到类 A 的马氏距离如下:
$$d(x,y)=\sqrt{(x-y)^T\sum\nolimits^{-1}(x-y)}$$
$$d(x,A)=\sqrt{(x-\mu)^T\sum\nolimits^{-1}(x-\mu)}$$

线性判别分析是一种经典的分类方法,在二分类问题上最早由 Fisher 在 1936 年提出,亦称 Fisher 线性判别. 线性判别的思想非常朴素:给定训练样本集,设法将样本点投影到一条直线上,使得同类样本的投影点尽可能接近,异类样本的投影点尽可能远离,使得两类分得很清楚;在对新样本进行分类时,将其投影到同样的直线上,再根据投影点的位置来确定新样本的类别. 有了投影之后,再用前面提到的距离远近的方法来得到判别准则,这种首先进行投影的判别方法就是 Fisher 判别法. 一般来说,如果有很多变量和很多类,Fisher 判别法的原理就是找到这样的投影,使得各类之间分得越清楚越好,而各类内部各点越紧密越好. 每一个投影相应于一个函数,称为判别函数. 线性判别分析是数据降维和分类领域应用中最为广泛而且极为有效的方法之一.

对于两分类问题,设两个 p 维总体为 G_1, G_2,新的样本 $X=(x_1,x_2,\cdots,x_p)$. 已知两类 G_1, G_2 的均值向量分别为 μ_1, μ_2(均为 p 维向量),且有公共的协方差矩阵 $\sum$. 定义线性判别函数
$$W(X)=(\mu_1-\mu_2)^T\sum\nolimits^{-1}X-K=\left(X-\frac{1}{2}(\mu_1+\mu_2)\right)^T\sum\nolimits^{-1}(\mu_1-\mu_2)$$

判别规则为:当 $W(X) \geq 0$ 时,$X \in G_1$;当 $W(X) < 0$ 时,$X \in G_2$.

8.3.2 k 近邻分类

k 近邻(k-nearest neighbor,kNN)算法的主要思路是一个数据样本与特征空间中的 k 个最近邻的数据样本中的大多数属于同一个类别,则该样本也属于该类别.

对于近邻相似样本的选择,最直观的相似度衡量方法是将每个样本看作多维空间中的一个点,点之间的距离可以用于衡量相似度,距离越近越相似. 常用的距离量是欧式距离、马氏距离、闵可夫斯基距离等.

由于每个属性的取值范围和单位不一致,因此计算距离之前需要进行规范化,将每个属性的取值映射到同样的范围,如[0,1]等. 否则,某些属性对距离的贡献会大于另外一些属性,导致结果的不合理. 常用的规范化方法有标准化、最小-最大值法等. k 近邻算法实质上是根据少数服从多数的原则确定样本的类别. 例如,某个样本点最近邻的 5 个样本中类别为"1"的样本有 3 个,类别为"2"的样本有两个,则测试样本的类别预测为"1".

因为 KNN 算法要对整个数据集中的每一个数据样本计算它到数据集里其他样本之间的距离,用以判断 k 个最近邻样本,所以该算法的计算量大是它的一个不足. 另外,KNN 算法无法有效处理高维数据集. 但是 KNN 算法的优点是实现简单,不需要训练和估计参数.

Python 的扩展库 sklearn.neighbors 中提供了 K 近邻算法 KNeighborsClassifier,使用前先从

sklearn 包中导入 KNeighborsClassifier 模块.

```
from sklearn.neighbors import KNeighborsClassifier
```

KNeighborsClassifier 的语法格式如下所示:

```
KNeighborsClassifier(n_neighbors= 5, weights= 'uniform',…)
```

KNeighborsClassifier 类中常用的方法有训练模型 fit(X_train,y_train),预测 predict(X),准确率 score(X,y).

8.3.3 朴素贝叶斯分类法

贝叶斯定理为解决归纳推理分类问题的统计方法提供了理论基础.下面首先解释贝叶斯定理中的基本概念,然后再运用这个定理说明朴素贝叶斯分类过程.

设 X 是一个类标签未知的数据样本,H 为某种假定:数据样本 X 属于某种特定的类 $C_i(i=1,2,\cdots,k)$.要求确定 $P(C_i|X)$,即给定了观测数据样本 X,假定 H 成立的概率.

贝叶斯定理提供了一种由概率 $P(X)$、$P(C_i)$ 和 $P(X|C_i)$ 计算后验概率 $P(C_i|X)$ 的方法,其基本关系是

$$P(C_i|X)=\frac{P(X|C_i)P(C_i)}{P(X)}$$

最大的 $P(C_i|X)$ 对应的类就是样本 X 的类别.因为对所有的类,$P(X)$ 都是常量,所以仅需计算乘积 $P(X|C_i)P(C_i)$ 的最大值.

假设有 m 个样本 $S=\{S_1,S_2,\cdots,S_m\}$,每个样本 S_i 的属性都表示为一个 n 维向量$(x_1,x_2,\cdots,x_n)$.有 k 个类 $C_1,C_2,\cdots,C_k$,每个样本属于其中一个类.则

$$P(C_i)=\frac{\text{训练样本中类 } C_i \text{ 的数量}}{\text{训练样本总数 } m}$$

$$P(X|C_i)=\prod_{j=1}^{n}p(x_j|C_i)$$

朴素贝叶斯是一类比较简单的算法,在 scikit-learn 中,一共有 3 个朴素贝叶斯的分类算法类,分别是 GaussianNB、MultinomialNB 和 BernoulliNB.其中 GaussianNB 就是先验为高斯分布的朴素贝叶斯;MultinomialNB 就是先验为多项式分布的朴素贝叶斯;BernoulliNB 就是先验为伯努利分布的朴素贝叶斯.

这三个类适用的分类场景各不相同,主要根据数据类型来进行模型的选择.一般来说,如果样本特征的分布大部分是连续值,使用 GaussianNB 比较好.如果样本特征的大部分是多元离散值,使用 MultinomialNB 比较合适.而如果样本特征是二元离散值或者很稀疏的多元离散值应该用 BernoulliNB.

8.3.4 支持向量机

支持向量机(support vector machine,SVM)主要用于解决模式识别领域中的数据分类问题,特别是对于非线性不可分数据集.SVM 的核心思想是尽最大的努力使分开的两个类别有最大间隔,这样才能使得分割具有更高的可信度,而且对于未知的新样本才有很好的分类预测能力.那么怎么描述这个间隔,并且让它最大呢? 线性可分情形下的最优分类超平面如图 8-2 所示.

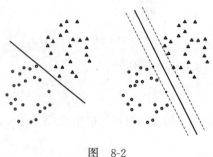

图 8-2

在线性可分的情况下,所有样本都可以被正确地划分.而且这样划分出来得到的间隔是实实在在存在的,是一条直线或平面.在高维空间中这样的分隔面称为分离超平面,因为当维数大于三时,我们已经无法想象出这个平面的具体样子.那些距离这个超平面最近的点就是所谓支持向量,实际上如果确定了支持向量也就确定了这个超平面.

支持向量机把分类问题转化为寻找分离超平面的问题,并通过最大化分类边界点距离超平面的间隔来实现分类.对于线性可分的数据集来说,这样的超平面有无穷多个,但是几何间隔最大的分离超平面却是唯一的.

写出这个分离超平面的公式 $wx+b=0$.假设两类数据可以被超平面 H 分离,垂直于法向量 w,移动 H 直到碰到某类的一个样本点,可以得到两个超平面 H_1 和 H_2,这两个平面称为支撑超平面,它们分别支撑两类数据.而位于 H_1 和 H_2 正中间的超平面是分离这两类数据最好的选择.超平面 H_1 和 H_2 之间的距离称为间隔,这个间隔是 w 的函数,我们要寻找最优的法向量 w 使得间隔达到最大.

寻找最优超平面的问题可以转化为如下二次规划问题:

$$\begin{cases} \min_{w,b} \frac{1}{2} \| \omega \|^2 \\ \text{s.t.} \quad y_i(\omega^\mathrm{T} x_i + b) \geqslant 1, \quad i=1,2,\cdots,n \end{cases}$$

根据此模型求得二类划分的划分超平面的方程为 $\omega^\mathrm{T} x + b = 0$,从而把所有样本划分为两类.在此基础上可以将支持向量机 SVM 推广到多类分类问题.

实际问题中更多的情形是非线性可分的.非线性类型通常是二维平面不可分,为了使数据可分,需要通过一个函数将原始数据映射到高维空间,从而使得数据在高维空间很容易可分,这样就达到数据分类或回归的目的,而实现这一目标的函数称为核函数.通过核函数的方法,可以将高维空间内的点积运算,巧妙转化为低维输入空间内核函数的运算,从而有效解决这一问题.

支持向量机算法可以解决小样本情况下的机器学习问题,简化了通常的分类和回归等问题.由于采用核函数方法克服了维数灾难和非线性可分的问题,所以向高维空间映射时没有增加计算的复杂性.支持向量机算法对大规模训练样本难以实施.这是因为支持向量机算法借助二次规划求解支持向量,其中会涉及 m 阶矩阵的计算,所以矩阵阶数很大时将耗费大量的机器内存和运算时间.

在支持向量机分类问题的模型中,有两个重要参数需要选择,一个是软间隔惩罚系数 C,另一个是核函数的类型.核函数有线性函数、多项式函数、sigmoid 函数等.

sklearn.svm 子模块中的 LinearSVC 和 SVC 类可以实现支持向量机分类算法,其中 SVC 的基本语法和参数含义如下:

```
SVC(C=1.0,kernel='rbf', degree=3, gamma='auto_deprecated', …).
```

其中参数的含义如下:

①C:用于指定目标函数中松弛因子的惩罚系数值,默认为 1.0.

②kernel:用于指定模型的核函数,该参数如果为"linear"就表示线性核函数;如果为"poly"就表示多项式核函数,核函数中的 r 和 p 值分别使用参数 degree 和 gamma 指定;如果为"sigmoid"就表示 sigmoid 核函数,核函数中的 r 参数值通过参数 gamma 指定. 当该参数为"rbf"时,就表示高斯核函数. 对线性可分的数据可选择"linear 或 poly".

③degree:用于指定多项式核函数的 p 参数值,默认为 3.

④Gamma:用于指定多项式核函数或 sigmoid 核函数的 r 参数值.

SVC 类中常用方法有:训练模型 fit(X_train,y_train),预测 predict(X),准确率 score(X,y).

使用 SVC 前,首先要从 sklearn.svm 模块中导入 SVC 函数:

```
from sklearn.svm import SVC
```

8.3.5 分类模型的评估

同一个分类问题可以用多种分类算法解决,它们的结果存在不一致的地方. 即使用同一种分类算法,参数设置不同,结果也会存在小的差异. 这时需要判断哪种分类算法的结果更可信,效果更好,最终要选择准确率最高的分类算法去解决问题. 下面介绍分类模型的评估.

1. 评估指标

分类模型评估的最简单的指标就是准确率,前面介绍的几种分类算法中都有类中自带的 score() 方法用于求得模型的平均准确率从而进行评估.

但在实际应用中,对于不同的分类问题,需要选择不同的评估指标来评价模型的好坏. 一旦预测结果出现错误,造成的后果是不同的,有时是不能承受的. 例如,在对地震、海啸、患病等问题进行分类预测时,使用召回率进行评估可能比使用准确率进行评估更合适. 分类模型常用的评估指标通常有准确率、精确率、召回率、F_1 值及 ROC 曲线等.

下面利用二分类问题解释上述评估指标. 对于二分类问题,样本分为两类,称为正样本和负样本,实际类别和预测类别有 4 种可能:正正(TP),正负(FN),负正(FP),负负 TN. 二分类问题的预测值与实际值见表 8-2.

表 8-2

类 别	真实正样本	真实负样本
预测正样本	TP	FP
预测负样本	FN	TN

分类模型评估最简单的指标就是准确率(accuracy),只需要用正确分类的样本数除以总样本数即可. 预测准确率是最常用的分类性能指标:

$$\text{accuracy} = \frac{TP+TN}{TP+FN+FP+TN}$$

精确率(precision)是指正确分类的正样本数与总的正样本数的比值. 召回率(recall)也称查全率或真正率(true positive rate),是指正样本被准确预测的比例.

$$\text{precision} = \frac{TP}{TP+FP}, \quad \text{recall} = \frac{TP}{TP+FN}$$

2. 用于评估分类模型的测试集数据

在训练模型时所用的数据称为训练数据,模型训练好了之后,将训练数据回代到模型中进行预测,得到训练样本的类别,此时误判率比该模型的真实误判率小. 所以回代误判率仅具有一定的参考价值,不能用于评估分类模型性能的度量指标. 当样本数据量较大时,要预留一些样本数据用于评估分类模型的性能.

Holdout 检验是最简单也是最直接的验证方法,它将原始的样本集合随机划分成训练集和测试集两部分. 例如,将样本按照 7∶3 的比例分成两部分,70% 的样本用于模型训练;30% 的样本用于模型验证,包括绘制 ROC 曲线、计算精确率和召回率等指标来评估模型性能. Holdout 检验的缺点很明显,即在验证集上计算出来的最后评估指标与原始分组有很大关系,需要多次运行后的平均指标来评估分类模型.

除了按比例划分训练集和测试集数据的方法之外,还有 k 折交叉验证、留一验证等特殊形式.

(1) k 折交叉验证:首先将全部样本划分成 k 个大小相等的样本子集;依次遍历这 k 个子集,每次把当前子集作为验证集,其余所有子集作为训练集,进行模型的训练和评估;最后把 k 次评估指标的平均值作为最终的评估指标,k 通常取 10.

(2) 留一验证:每次留下一个样本作为验证集,其余所有样本作为测试集. 样本总数为 n,依次对 n 个样本进行遍历,进行 n 次验证,再将评估指标求平均值得到最终的评估指标. 在样本总数较多的情况下,留一验证法的运算时间极大.

例1 读入 sklearn 库自带的鸢尾花数据集. 鸢尾花有三类,共 150 朵花的样本数据及其类别,每类各 50 个. 每朵花的特征数据为花萼长、宽和花瓣长、宽. 划分为训练集与测试集两部分,在训练集上训练各种分类器模型,在测试集进行预测,并计算模型的分类准确率. 最后对未知的鸢尾花 [5.2,2.6,3.8,1.5] 进行分类.

在 jupyter notebook 环境下的 Python 程序代码与运行结果如下:

In [1]:
```
#导入包和函数
from sklearn.datasets import load_iris
iris=load_iris()
from sklearn.model_selection import train_test_splitimport numpy as np
#读取数据划分训练集和测试集
data=iris.data
target=iris.target
X_train,X_test,y_train,y_test= train_test_split(data,target,test_size= 0.2)
```

In [2]:
```
#利用全部4个特征数据进行KNN分类,K=15
KNN1=KNeighborsClassifier(n_neighbors=15)
KNN1.fit(X_train,y_train)
pred1=KNN1.predict(X_test)
print(pred1)
```

Out[2]:[1 0 1 1 2 0 2 0 2 0 2 2 1 1 0 1 0 1 1 0 0 1 0 0 1 0 2 2 2 0]

In [3]: `print(y_test)`

Out[3]:[1 0 1 1 2 0 2 0 2 0 2 2 1 1 0 1 0 1 1 0 0 1 0 0 1 0 2 2 2 0]

In [4]:
```
score1=KNN1.score(x_test,y_test)
print(score1)
```

Out[4]:1.0

In [5]:
```
pred2=KNN1.predict([[5.2,2.6,3.8,1.5]])
print(pred2)
```

Out[5]:[1]

In [6]:
```
#利用全部4个特征数据进行支持向量机分类
from sklearn.svm import SVC
model_svm=SVC()
model_svm.fit(X_train,y_train)
pred2=model_svm.predict(X_test)
score2=model_svm.score(X_test,y_test)
print(score2)
```

Out[6]:0.9666666666666667

In [7]:
```
#构建高斯朴素贝叶斯分类器
from sklearn.naive_bayes import GaussianNB
GNB=GaussianNB()
GNB.fit(X_train,y_train)
pred3=GNB.predict(X_test)
print(pred3)
print(y_test)
```

Out[7]:[2 1 2 1 2 0 1 0 1 0 0 2 0 2 1 2 1 1 1 1 0 2 0 2 2 2 0 2 0]
[2 1 2 1 2 0 1 0 2 0 0 2 0 2 1 2 1 1 1 1 0 2 0 2 2 2 0 2 0]

In[8]:
```
score3=GNB.score(X_test,y_test)
print(score3)
```

Out[8]:0.9666666666666667

In[9]:
```
#构建多项分布朴素贝叶斯分类器
from sklearn.naive_bayes import MultinomialNB
```

```
MNB= MultinomialNB()
MNB.fit(X_train,y_train)
pred4= MNB.predict(X_test)
score4= MNB.score(X_test,y_test)
print(score4)
```

Out[9]:0.6666666666666666

In[10]:
```
#输出分类模型的多个评估指标
from sklearn.metrics import accuracy_score,precision_score, recall _score,f1_score
print('accuracy_score= ',accuracy_score(y_test,pred1))
print('precision_score= ',precision_score(y_test,pred1,average= 'macro'))
print('recall_score= ',recall_score(y_test,pred1,average= 'macro'))
print('f1_score= ',f1_score(y_test,pred1,average= 'macro'))
```

Out[10]: accuracy_score=0.9666666666666667
precision_score=0.9666666666666667
recall_score=0.9722222222222222
f1_score=0.9679633867276888

In[11]:
```
#对新样本的分类预测
class_1=KNN1.predict([[5.2,2.6,3.8,1.5]])
class_2=GNB.predict([[5.2,2.6,3.8,1.5]])
class_3=model_svm.predict([[5.2,2.6,3.8,1.5]])
print(class_1, class_2, class_3)
```

Out[11]:[1] [1] [1]

由于算法的原理不同,不同的分类算法都有各自的优缺点.对同一个问题分别用不同的分类方法去做,有时得到的结果会不一致.我们通过计算平均准确率评价分类算法的效果,准确率高的算法的结果可信度更高.

8.4 建模案例:中药材的产地鉴别

案例:(2021 年"高教社杯"全国大学生数学建模竞赛 E 题)"中药材鉴别":利用光谱特征进行中药材鉴别.不同中药材表现的光谱特征差异较大,即使来自不同产地的同一药材,因其无机元素的化学成分、有机物等存在的差异性,在近红外、中红外光谱的照射下也会表现出不同的光谱特征,因此可以利用这些特征来鉴别中药材的种类及产地.

中药材的道地性以产地为主要指标,产地的鉴别对于药材品质鉴别尤为重要.然而,不同产地的同一种药材在同一波段内的光谱比较接近,使得光谱鉴别的误差较大.另外,有些中药材的近红外区别比较明显,而有些药材的中红外区别比较明显.

中药材产地的鉴别

1. 问题描述

现有某种中药材 255 个样品的近红外和中红外光谱数据,这些样品来自 17 个产地,具体数量见表 8-3,其中有 10 个样品的产地未知.每个样品经过近红外光谱仪、中红外光谱仪扫描,得到中药材的近红外和中红外光谱数据.近红外光谱波数为 $4\,004\ \text{cm}^{-1}$, $4\,005\ \text{cm}^{-1}$, $\cdots$, $10\,000\ \text{cm}^{-1}$, 中红外光谱波数为 $552\ \text{cm}^{-1}$, $553\ \text{cm}^{-1}$, $\cdots$, $3\,999\ \text{cm}^{-1}$, 共 9 446 个光谱波数.光谱数据是 255 个样品分别在 9 446 个光谱波数下的吸光度矩阵,即 255 行 9 446 列的数据矩阵.鉴别 10 个未知样本的产地.

表 8-3

产地序号	1	2	3	4	5	6	7	8	9	10	11	12	13	14	15	16	17	未知
样品个数	14	14	14	14	15	15	15	15	14	14	14	15	15	14	15	14	14	10

2. 问题分析

基于中红外和近红外两种光谱数据,利用 245 个已知产地的药材对 10 个未知药材进行产地预测,这是一个有监督分类问题.样本量相对少,但每个产地药材样本有近红外和中红外两种光谱数据,将两种光谱数据合并后,需要先通过波数区域分段、数据降维、变量筛选等方式进行特征提取,然后应用监督学习方法加以分类.

3. 数据处理

对于高维数据而言,其大量的原始特征在信息表达层面往往是冗余的,主成分分析(PCA)则考虑寻找一组新的特征表示,使得这些特征彼此线性无关,但又能最大程度上展现数据间的差异性.PCA 借助于正交分解,进行空间的坐标变换,本质上是一种线性降维方法.

对全部光谱数据直接使用 PCA 进行特征提取时,所选取的主成分较少,反映数据特征太少不利于分类.因此考虑对波数进行分段,每个区间段上分别进行 PCA 降维,同样保证主成分解释的方差比例大于 95%.这样分区间提取主成分后,总的特征数据就比较多了,能够更好地反映样本之间的差异,便于分类.主成分分析提供了两个降维函数 PCA 和 IPCA,当数据集样本数据数量过大时,可以通过 IPCA 来分批地降维.

4. 分类方法

本章素材附件 3 数据中除了 10 个待预测样本,其余样本均有产地信息,故依据有产地信息的数据对无产地信息的样本进行预测,本质上属于有监督的学习,故采用有监督的分类方法.可以采用下面的分类方法.

(1) k 近邻分类.

利用已知标签的数据来给未知标签的样本进行预测时,通常假设同类样本相对于异类样本,其特征相似度更高,因此在特征空间中,同类样本应距离相近,而异类样本则距离较远. k 近邻分类器则基于这一思想,给定一个待预测标签的样本后,在特征空间中寻找与之距离最近的 k 个有标签样本,称之为 k 近邻,并把这 k 个样本标签中出现次数最多的标签作为该待预测样本的最终标签.其中 k 的选择对最终的预测结果至关重要,如果 k 值较高,则考虑的邻居样本较多,容易引入与待预测样本异类的样本,降低预测的准确性;如果 k 值较低,最终预测标签仅由几个有标签样本决定,当特征学习不佳时,即不同类的样本特征混淆不清时,近邻则不一定是同类样本,只考虑个别近邻的标签也会导致最终预测结果错误.

(2) 支持向量机.

支持向量机是一种进行二元分类的线性分类器,它基于有标签的训练集,想要在特征空间中寻找一个超平面,将不同的两类划分开来,并使得这个划分边界对于样本局部的扰动具有很好的包容性,而且样本到超平面的距离可以作为分类可靠性的评价.对于多分类问题,可以采用"一对一"的方法,即选择一类中的样本作为正样本,再选择另一类的样本作为负样本,寻找划分这两类的一个二元分类器.若共有 k 类,则可以得到 $k(k-1)/2$ 个分类器.进行预测时,对所有分类器的结果进行投票,选择票数最多的类别作为预测标签.

(3) 朴素贝叶斯.

朴素贝叶斯分类算法基于贝叶斯原理,学习从输入特征到输出标签的概率分布,在预测时选择使得后验概率最大的类别作为预测标签.在高维特征情况下,学习不同类别下特征的概率分布不是一件容易的事情,原因是不同特征之间可能存在复杂的相互关系.但朴素贝叶斯假设样本间的特征在给定标签后相互独立,这样高维问题即转换为了多个一维概率分布的学习问题.

(4) 线性判别分析.

线性判别分析是一种经典的判别分类方法,在二分类问题上最早由 Fisher 在 1936 年提出,亦称 Fisher 线性判别.线性判别的思想非常朴素:给定训练样本集,设法将样本点投影到一条直线上,使得同类样本的投影点尽可能接近,异类样本的投影点尽可能远离,使得两类分得很清楚;在对新样本进行分类时,将其投影到同样的直线上,再根据投影点的位置来确定新样本的类别.有了投影之后,再用样本点到各类中心的距离远近的方法来得到判别准则,这种首先进行投影的判别方法就是 Fisher 判别法.一般来说,如果有很多变量和很多类,Fisher 判别法的原理就是找到这样的投影,使得各类之间分得越清楚越好,而各类内部个点越紧密越好.每一个投影相应于一个函数,称为判别函数.

本文采用支持向量机法求解此问题.也可以采用多种方法分别进行分类预测,最后按照少数服从多数的原则确定最终的类别.

5. 求解过程的程序及结果

先把近红外数据和中红外数据合并在一起,数据共 9 444 列,直接做主成分分析的话,可提取 5 个主成分,数量太少.由于红外线波数范围大,在不同的波数段有不同的特征,而且数据前后差异很大,只提取几个主成分不能充分反映原有数据的信息.因此将 9 444 列数据根据波数范围分为 12 组,每组提取 4 个主成分,组成总的特征数据用来做分类分析.程序代码如下:

```python
# 读取数据
import pandas as pd
from sklearn.preprocessing import StandardScaler
df1=pd.read_excel('F:/2021E-python/附件 3.xlsx',sheet_name='近红外')
df2=pd.read_excel('F:/2021E-python/附件 3.xlsx',sheet_name='中红外')
print(df1['OP'].value_counts()) # 每个产地的样本数量计数
sample_unknown=list(df1[df1['OP']==0].index) # 未知产地的样本
print(sample_unknown)
sample_known=list(df1[df1['OP']! = 0.index) # 已知产地的样本
# 绘制光谱曲线图
```

```python
import matplotlib.pyplot as plt
for i in range(14):
    plt.plot(range(4002,9998),df1.iloc[df1[df1['OP']==1].index[i],2:5998],c='b',label='产地1')
    plt.plot(range(4002,9998),df1.iloc[df1[df1['OP']==13].index[i],2:5998],c='r',label='产地14')
plt.show()
```

由程序可得产地为 1 和 13 的中药材样品的近红外光谱图如图 8-3 所示.

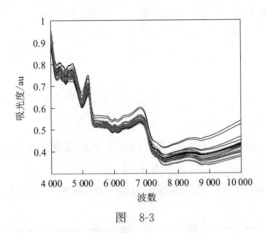

图 8-3

```python
#先把近红外数据和中红外数据合标准化后横向连接在一起
df1_standard=StandardScaler().fit_transform(df1.iloc[:,2:5998])
df2_standard=StandardScaler().fit_transform(df2.iloc[:,2:3450])
import numpy as np
data_standard= np.hstack((df1_standard,df2_standard))
data_standard.shape
#分 12 组,每组 787 列数据做主成分分析,分别提取 4 个主成分
#主成分分析
from sklearn.decomposition import PCA
pca= PCA(n_components= 4)#选择 4 个主成分比 3 个效果好
components= pca.fit_transform(data_standard[:,0:787])
for i in range(1,12):
    components_i= pca.fit_transform(data_standard[:,787*i:787*(i+1)])
    components= np.hstack((components,components_i))
components.shape
#构建分类器,划分训练集和测试集,最后对未知样本分类
from sklearn.model_selection import train_test_split
from sklearn.svm import SVC
from sklearn.metrics import classification_report
#将已知产地的样本数据和标签化分为训练集和测试集
X_known=components[sample_known,:]
```

```
label=df1['OP']
Y_known=label[sample_known]
X_unknown=components[sample_unknown,:]
xk_train,xk_test,yk_train,yk_test=train_test_split(X_known,Y_known,test_size=0.2)
#创建分类器
svm=SVCX(kernel='linear')# 线性核函数
svm.fit(xk_train,yk_train)
train_score=svm.score(xk_train,yk_train)
test_score=svm.score(xk_test,yk_test)
print('训练集与测试集的准确率:'train_score,test_score)
Y_pred=svm.predict(X_unknown)# 未知样本的分类预测
Y_pred
```

运行结果如下：

```
训练集与测试集的准确率:1.0 0.9387755102040817
array([17,11,1,2,16,3,4,10,9,14], dtype=int64)
```

以上程序用支持向量机分类法在训练集和测试集上的准确率分别为 1.0 和 0.94，未知中药材的产地分别为 17，11，1，2，16，3，4，10，9，14。

中药材产地的鉴别问题也可以选择其他的分类方法，每种方法的平均准确率见表 8-4。

表 8-4

分类方法	测试集预测正确率	分类方法	测试集预测正确率
k 近邻分类	61.2%	朴素贝叶斯	89.6%
支持向量机	93.8%	线性判别分析	90.3%

选择预测准确率较高的几种方法，对未知中药材的产地分别进行预测，得到结果见表 8-5。

表 8-5

分类方法	未知产地的中药材样品编号									
	4	15	22	30	34	45	74	114	170	209
支持向量机	17	11	1	2	16	3	4	10	9	14
朴素贝叶斯	17	11	1	2	16	3	4	10	9	14
线性判别分析	17	11	1	2	16	3	4	10	9	14

每种方法都不能保证百分之百正确，它们的正确率也有点差别，有的方法正确率略高一些。综合考虑上面的几种结果，根据一致性原则确定所求的未知产地中药材样品的产地，结果见表 8-6。

表 8-6

中药材编号	4	15	22	30	34	45	74	114	170	209
产地	17	11	1	2	16	3	4	10	9	14

习 题

1. 据观察,个子高的人一般腿都长,今从 16 名成年人测得数据见表 8-7,希望从中得到身高 x 与腿长 y 之间的回归关系.

表 8-7

x/cm	143	145	146	147	149	150	153	154
y/cm	88	85	88	91	92	93	93	95
x/cm	155	156	157	158	159	160	162	164
y/cm	96	98	97	96	98	99	100	102

2. 已知自变量 x_1、x_2 和因变量 y 的一些测量数据(见表 8-8),求因变量 y 对自变量 x_1 和 x_2 的线性回归方程.并分别求 $x_1=9, x_2=10$ 和 $x_1=10, x_2=9$ 时,因变量 y 的预测值.

表 8-8

x_1	7.1	6.8	9.2	11.4	8.7	6.6	10.3	10.6
x_2	11.1	10.8	12.4	10.9	9.6	9.0	10.5	12.4
y	15.4	15	22.8	27.8	19.5	13.1	24.9	26.2

3. 炼钢厂出钢时,所用盛钢水的钢包在使用过程中,由于钢渣及炉渣对包衬耐火材料的侵蚀,使其容积不断增长.经试验,钢包的容积 y(由于容积不便测量,故以钢包盛满时钢水的重量来表示)与相应的使用次数 x(也称包龄)的数据见表 8-9,请找出定量关系.

表 8-9

x	2	3	4	5	7	8
y/t	106.42	108.2	109.58	110.0	109.93	110.49
x	11	14	15	16	18	19
y/t	110.59	110.60	110.90	110.76	109.00	111.20

4. 表 8-10 给出了某工厂产品的生产批量与单位成本(元)的数据,从散点图可以明显地发现,生产批量在 500 以内时,单位成本对生产批量服从一种线性关系,生产批量超过 500 时服从另一种线性关系,此时单位成本明显下降.请构造一个合适的回归模型全面地描述生产批量与单位成本的关系.

表 8-10

生产批量	650	340	400	800	300	600
单位成本	2.48	4.45	4.52	1.38	4.65	2.96
生产批量	720	480	440	540	750	
单位成本	2.18	4.04	4.20	3.10	1.50	

5. 研究温度 x 对作物产量 y 的影响,测得表 8-11 中 10 组数据,求 y 关于 x 的线性回归方程,检验回归效果是否显著,画出散点图和回归直线,并预测 $x=42$ ℃时产量的估值.

表 8-11

温度/℃	20	25	30	35	40	45	50	55	60	65
产量/kg	13.2	15.1	16.4	17.1	17.9	18.7	19.6	21.2	22.5	24.3

6. 鸢尾花分为三类:刚毛鸢尾花、变色鸢尾花和弗吉尼亚鸢尾花. 已知 150 个鸢尾花样本的数据及其类别,可从 sklearn 库的数据集 datasets 中导入 load_iris 数据,其中包括花萼、花瓣的长和宽的数据以及花的类别标签. 加载数据,划分训练集和测试集数据,建立分类模型并计算模型的预测准确率,最后对新的鸢尾花样本 [6.8 3.1 4.7 1.6] 预测其类别.

7. 根据表 8-12 某猪场 24 头育肥猪 4 个性状的数据资料,试进行瘦肉量 y 对眼肌面积(x_1)、腿肉量(x_2)、腰肉量(x_3)的多元回归分析.

表 8-12

序号	瘦肉量 y/kg	眼肌面积 x_1/cm²	腿肉量 x_2/kg	腰肉量 x_3/kg	序号	瘦肉量 y/kg	眼肌面积 x_1/cm²	腿肉量 x_2/kg	腰肉量 x_3/kg
1	15.02	23.73	5.49	1.21	13	15.40	28.57	5.22	1.66
2	12.62	22.34	4.32	1.35	14	15.94	23.52	5.18	1.98
3	14.86	28.84	5.04	1.92	15	14.33	21.86	4.86	1.59
4	13.98	27.67	4.72	1.49	16	15.11	28.95	5.18	1.37
5	15.91	20.83	5.35	1.56	17	13.81	24.53	4.88	1.39
6	12.47	22.27	4.27	1.50	18	15.58	27.65	5.02	1.66
7	15.80	27.57	5.25	1.85	19	15.85	27.29	5.55	1.70
8	14.32	28.01	4.62	1.51	20	15.28	29.07	5.26	1.82
9	13.76	24.79	4.42	1.46	21	16.40	32.47	5.18	1.75
10	15.18	28.96	5.30	1.66	22	15.02	29.65	5.08	1.70
11	14.20	25.77	4.87	1.64	23	15.73	22.11	4.90	1.81
12	17.07	23.17	5.80	1.90	24	14.75	22.43	4.65	1.82

要求:(1) 求 y 关于 x_1, x_2, x_3 的线性回归方程 $y = c_0 + c_1 x_1 + c_2 x_2 + c_3 x_3$,计算 c_0, c_1, c_2, c_3 的估计值;

(2) 对上述回归模型和回归系数进行检验(要写出相关的统计量);

(3) 试建立 y 关于 x_1, x_2, x_3 的二项式回归模型,并根据适当统计量指标选择一个较好的模型.

8. 使用 sklearn 自带的糖尿病数据集 load_diabetes() 进行回归分析。它包含 442 个患者的 10 个生理特征和一年后病情发展情况，diabetes.data 是数据集的特征数据，diabetes.target 是全数据集的标签。要求：加载该数据集，划分训练集和测试集数据，建立线性回归模型进行训练与预测，计算回归模型的决定系数，对回归效果进行评估。

参 考 文 献

[1] 赵静,但琦. 数学建模与数学实验[M]. 5版. 北京:高等教育出版社,2020.
[2] 司守奎. 数学建模算法与应用[M]. 3版. 北京:国防工业出版社,2021.
[3] 司守奎. Python数学实验与建模[M]. 北京:科学出版社,2020.
[4] 姜启源. 数学模型[M]. 5版. 北京:高等教育出版社,2018.
[5] 朱荣. Python与大数据分析应用[M]. 北京:清华大学出版社,2022.
[6] 谢金星,薛毅. 优化建模与LINDO/LINGO软件[M]. 北京:清华大学出版社,2005.